甲蟲 飼養與觀察

王派鋒、呂建興、高瑞卿　著

晨星出版

親近自然，探索甲蟲的生長過程

　　相信許多人都有過飼育昆蟲的經驗，但您在飼育昆蟲的過程中是否曾有些挫折呢？大多是有的，對吧？我成長的過程中，從小就喜愛飼育生活周遭隨手可得的各式小昆蟲，飼育種類包含了螞蟻、螳螂、蟻獅、獨角仙……等各種昆蟲，也從這些過程中瞭解到更多生命的奧妙，並奠定了今日我對昆蟲的專注與理想，相信在這個社會上有許多人像我一樣，只是大家的生活環境及條件不同，所以最後的發展方向也不同，但是只要是曾經愛過昆蟲的您，長大之後內心一定仍潛藏著這股熱忱吧！

　　現今的生活環境與過去已經大大不同，網路資訊的發達以及書籍雜誌的蓬勃發展，使得大家知識的吸收更為快速、更為方便，猶記得國小時，學校推廣優良讀物的購買，當時看到一本昆蟲相關知識的漫畫書籍，便相當興奮地購買下來，這是我的第一本昆蟲書籍，雖然等我年紀稍長，重新閱讀時發現內容諸多錯誤，編排印刷也不如今日精美，但它還是充實了我童年的時光，也讓我對昆蟲的知識有了更多的認識。

　　小學時的自然課教學內容「蠶寶寶」，讓大家都有機會飼育觀察，瞭解生命的成長，沒想到今日流行飼育觀察的對象已發展為「甲蟲」了，雖然我們不知道這股甲蟲飼養的潮流會持續多久，但我相信，若大家都能以興趣為出發點，並透過親身飼養觀察甲蟲的經驗，進而學習到尊重生命，這股熱潮將可綿延不斷。

飼育甲蟲應該是件讓人身心放鬆而且愉快的事情，但若是對甲蟲的認識不深，那您可能會被市場流行牽著走，不但花了較多的金錢，還會因為飼育過程的挫折而使您對飼育甲蟲的熱忱消失，這是一件令人惋惜的事，於是基於我們對昆蟲的熱愛，決定撰寫這本書。

　　本書的內容蒐錄了目前市面上盛行的各種甲蟲，其中更包含了許多臺灣本土未曾被一般民眾注意及飼育的種類，希望藉由我們多年的飼育觀察經驗，詳細敘述各個物種的飼育過程及方法，讓大家能輕鬆的進入這個領域，文中並列出一些入門的物種，讓初學者可以輕鬆的得到飼育的樂趣，待所有的基礎飼育步驟都已經純熟後，再去嘗試進階物種，最後就可以考慮去挑戰價位高或較難飼育的物種了，如此循序漸進，相信您必能享受到甲蟲飼養繁殖的成就感，增進您生活的樂趣，並釋放您工作的壓力。

　　臺灣甲蟲的種類非常多，甚至還有許多的特有種，只要您有興趣，在接近大自然的同時多多留心觀察，您將有機會發現身邊隨時有著令人驚豔的小昆蟲，您可以試著飼育觀察牠們，或許您的飼育經驗會與我們不同，而且有更令人興奮的新發現，這都是您個人的寶貴資產，期待有一天您也可以將您的經驗與我們大家共同分享。

作者序

體驗分享甲蟲的成長歷程

　　現代人生活繁忙，課業、事業與經濟壓力往往讓人喘不過氣，養貓、狗等寵物所需的條件卻非人人所有，唯獨昆蟲，是不分年齡、性別、階級，大家都可以輕鬆在家飼養的新興寵物，或許您已經趕上這股新興的潮流，或許您正打算進入這股潮流中，但是坊間林立的昆蟲飼育相關書籍，真正適合臺灣人使用的卻未曾問世，晨星出版社基於對生態的關注，使我們有這個機會，出一本真正屬於臺灣人自己的飼育心得書籍，這本書中介紹的飼育方式，或許有人有不同見解，但這裡面包含了我們飼育甲蟲多年的經驗累積，及我們關注的心力，絕對值得參考！

　　寵物不是一件物品，更不是一件適合拿來炫耀的玩具。在飼養活生生的寵物前，應該先充分瞭解牠！因為這樣除了是尊重生命的開始，更可以幫助自己省下不必要的開銷。

　　由於對生物、甲蟲及寵物的熱愛，從事的工作也未曾離開這方面，有時在與同好閒談或是於學校執教時，總會發現許多人對於甲蟲的基本知識、飼養方法以及生態保育的觀念認識不清，進而造成飼養的甲蟲成長不良、死亡，甚至因隨意採集與放生而造成臺灣生態隱憂等問題。

4

因此，為了避免更多因為不瞭解而造成的傷害，我們籌畫撰寫的內容除了介紹目前市面上廣受喜愛的外國甲蟲外，還包含了許多臺灣本土甲蟲的飼育技巧，為了推廣生態保育的觀念，文中我們還介紹了甲蟲的基本知識，期望讓民眾在體驗飼育甲蟲的樂趣之時，還能進一步瞭解甲蟲的生態進而關心自然，希望藉由我們的生物專業背景及對甲蟲飼育的經驗，提供有心想飼養甲蟲的蟲友們一些正確的參考資料。

　　當人們介入其他生物的生命歷程時，應當盡心讓牠們活得更好！愛牠，就該讓牠擁有適當的生活環境。所以當你、我在決定飼養甲蟲的同時，必須深刻的瞭解到”牠”和我們一樣具有生命。

　　而當你決定真心的、負責的照顧好甲蟲時，你將更瞭解生命在各階段蛻變成長的喜悅！將更能尊重與珍惜生命！介入其他生物生命的歷程或許並非自然，但讓我們用更負責的態度加以飼養、照顧並虛心的學習、體會吧！

透過飼養觀察
培養尊重生命的態度

　　甲蟲型態多變、色彩艷麗、體型較一般昆蟲大型，本來就廣泛受到人們喜愛，近來受到日本卡通「甲蟲王者」與甲蟲電動玩具的影響，更是成為臺灣與日本中、小學生們的話題。隨著國內甲蟲專賣店一家家的開張，國內、外各種甲蟲紛紛成為人們家中寵物，甲蟲的飼養、交換正值方興未艾。

　　值得注意的是，由於對甲蟲的不瞭解、飼養方法與保育觀念的缺乏，民眾家中飼養的甲蟲常因照顧不周而在短期內死亡。只是在市場的殷切需求下，寵物店業者往往想盡辦法由各種管道進口外國甲蟲，或者恣意捕抓國內原生甲蟲，以求滿足市場需要獲得更高利潤。不當採集的結果除了嚴重危害到國內、外甲蟲的生存，還使原生地的甲蟲數量銳減，而飼養者在過度繁殖或嗜好退燒之餘任意放生外來甲蟲，也造成臺灣另一種生態問題。

　　不過，飼養甲蟲是否一定會危害到生態環境呢？其實不然，較正確且積極的想法應該是讓飼養者對甲蟲有較全面性的認識，藉以推廣正確的保育觀念。本書即是基於這個理念逐步完成的。

6

書中首先介紹甲蟲的基本概念與各類甲蟲的生態與習性，讓讀者瞭解這些基本知識之後，再進一步描述鍬形蟲、兜蟲與植食性金龜的基礎飼育法，然後更進一步針對市面上較易購得外國甲蟲及許多臺灣原產的鍬形蟲、兜蟲和金龜子等甲蟲進行個別之飼養基本條件介紹，書籍的最後章節為甲蟲的觀察方法與飼養與採集倫理。

　　雖然坊間已有許多介紹昆蟲飼育方法的書籍，但大多是翻譯而來的書籍，內容多僅介紹外國甲蟲的飼育方法，並且由於環境與背景的差異或是譯者本身對於昆蟲的背景知識不足，臺灣讀者使用上並不方便。本書三位作者對臺灣昆蟲的相關議題已關注多年，期許甲蟲飼養應該賦予教育意涵，重視生命價值觀，希望尊重生命的價值觀能融入飼養觀察的過程，同時藉由欣賞、飼養與觀察，進而親身體驗生命的可貴。

　　我們希望民眾不僅是飼養甲蟲，而是在對甲蟲產生興趣後，在生活中找尋甲蟲、觀察甲蟲，然後因瞭解而喜愛甲蟲，因喜愛而關心甲蟲，經由喜愛甲蟲而關心甲蟲賴以生存的整個自然環境，最後體認到人類與大自然萬物共存共榮的道理，愛護且珍惜甲蟲及自然界各種生物與人類共同擁有的這個地球。

高瑞卿

目錄

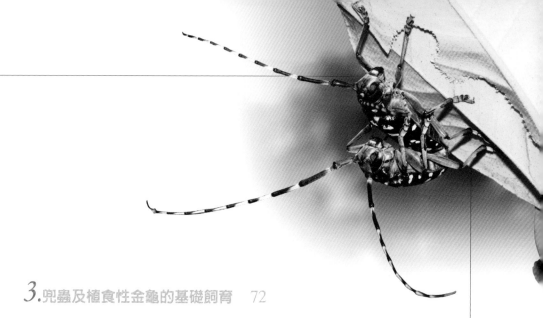

1

認識甲蟲

認識甲蟲

甲蟲是昆蟲綱中鞘翅目的成員。昆蟲綱一般劃分為31目，其中鞘翅目的昆蟲種類高達30萬種以上，占所有已知昆蟲的40％左右，是昆蟲綱中最大的一目。目前臺灣已知的甲蟲種類約有4,600種之多，但是您知道昆蟲要具備什麼樣的條件才可以稱得上是甲蟲嗎？而牠們又有什麼共同的特徵呢？

鞘翅目昆蟲
40％

其他20％

鱗翅目
膜翅目
雙翅目
40％

獨角仙（上圖）與鍬形蟲類甲蟲廣為一般民眾所喜愛。

甲蟲家族的共同特徵在於成蟲時期具有革質化程度很高的體軀（外骨骼），最爲明顯的特徵是具有一對革質化的強韌上翅（一般稱爲翅鞘，少數種類較柔軟或退化不明顯），而此革質化上翅覆蓋於腹部上方時會形成一道會合線，膜質下翅就摺疊隱藏於上翅的下方由其保護（部分種類膜質下翅會外露）；另外，甲蟲的口器爲標準的咀嚼式口器，也就是大顎比較發達，遇到有著這些特徵的昆蟲，大概就可以將牠歸類於甲蟲了。

　　由於甲蟲的成蟲受到堅硬的外骨骼限制，所以不管如何飼養都不會長大，而一般我們所看到的成蟲大小，則是取決於可蛻皮成長的幼蟲時期。

甲蟲圖解

頭角　前胸背板角　前胸背板

觸角　中胸

後胸

前腳　腹部

上翅（前翅）
下翅（後翅）

中腳　後腳

外部形態

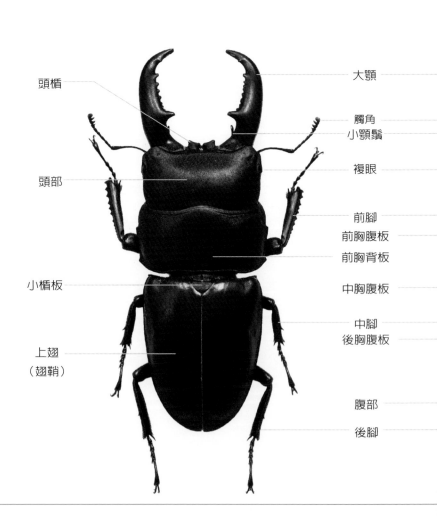

頭楯

大顎

觸角
小顎鬚

複眼

頭部

前腳
前胸腹板
前胸背板

小楯板

中胸腹板

中腳
後胸腹板

上翅
（翅鞘）

腹部
後腳

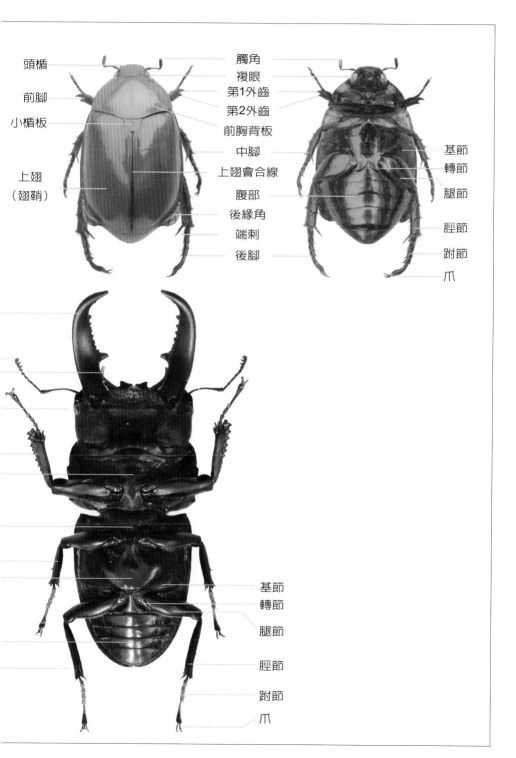

頭楯

前腳

小楯板

上翅
（翅鞘）

觸角
複眼
第1外齒
第2外齒
前胸背板
中腳
上翅會合線
腹部
後緣角
端刺
後腳

基節
轉節
腿節
脛節
跗節
爪

基節
轉節
腿節
脛節
跗節
爪

　　由於甲蟲種類繁多，因此外型變化頗大，有圓形、橢圓形、長筒形、紡錘形、扁平形等各種不同形狀；體型最大者超過18cm，最小者不足0.1cm。

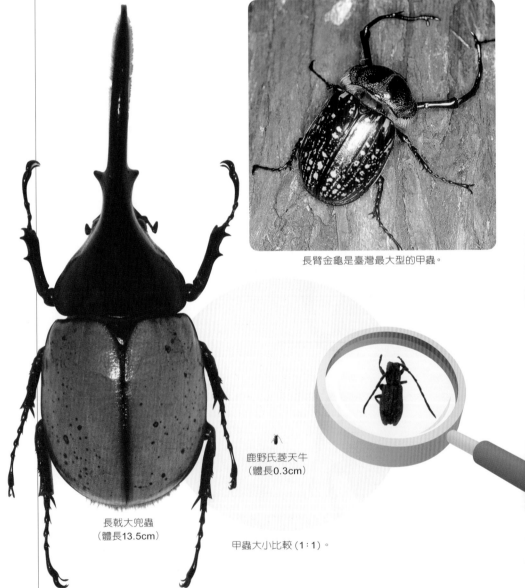

長臂金龜是臺灣最大型的甲蟲。

鹿野氏菱天牛
（體長0.3cm）

長戟大兜蟲
（體長13.5cm）

甲蟲大小比較（1：1）。

頭部

　　頭部是昆蟲重要的感覺中樞，甲蟲的頭部通常具有二根觸角、一對複眼（鮮少有單眼者）以及口器。

　　觸角位於頭部的前方，是由許多節連結起來，其組成的節數因種類而異。它是昆蟲重要的感覺器官，有著嗅覺與觸覺功能，而它的形狀變化極大，有絲狀、鞭狀、鋸齒狀、鰓葉狀、櫛齒狀、棍棒狀……等。

天牛的觸角、複眼與口器十分明顯。

兜蟲頭部特寫。

　　複眼通常位於頭部的兩側，由成千上萬個小眼緊密排列而成。它的功能相當於人類的眼睛，形狀多為圓形、長形、腎形或不規則形。甲蟲除隱翅蟲科與鰹節蟲科外通常不具單眼。

　　口器一般是由大顎、小顎、上唇與下唇所構成，甲蟲的口器多為典型的咀嚼式口器，大顎強而有力，適於咀嚼與刺穿食物，但部分種類僅能吸食汁液。

胸部

　　胸部是昆蟲的運動中樞，甲蟲的胸部相當發達，前胸背板為單一骨片所構成，外觀上介於頭部與翅鞘之間，胸部一般又區分為前胸、中胸與後胸，前、中、後胸各具一對腳，同時中、後胸還各有一對翅膀，使甲蟲得以進行各項運動。

　　腳一般分為前腳、中腳與後腳，每一隻腳都是由基節、轉節、腿節、脛節與跗節所組成，節與節連結處有柔軟的膜包覆，使腳能自由彎曲。為了適應不同生活環境，甲蟲的腳部開始演化出不同外形，如步行腳、游泳腳、抱握腳、跳躍腳……等。

龍蝨的後腳為標準的游泳腳。

翅膀是由背部的外骨骼向外延伸演化而成，甲蟲的上翅（前翅）特化爲翅鞘，平時不使用時用來保護膜質下翅以及柔軟的腹部，飛行時則幫助飛行的平衡。膜質的下翅（後翅）則是飛行的重要工具。部分種類上翅短小無法完全包覆下翅與腹部，也有下翅退化而不具飛行能力者。

昆蟲上翅張開時才可看見膜質下翅。

腹部

　　腹部位於昆蟲身體的後半部，一般爲圓筒形，是昆蟲繁殖的重要所在，甲蟲的腹部通常爲10節，第1節退化，腹面常見的爲第3～9節。

　　生殖器官隱藏於腹部內，雄蟲交配器可自第9～10節之間伸出，雌蟲腹部末節或臀板可縮入腹部，特化成爲產卵管，產卵管的外型及長度因種類而異，部分種類產卵管特別發達而外露，但是功能都在於產卵繁衍後代。

雄性生殖器官（正面）。

雄性生殖器官（側面）。

甲蟲生態介紹

甲蟲的棲息地

甲蟲種類龐雜，不同類別甲蟲取食和繁殖生活所需的環境各異。有些甲蟲生活史中某一時期或全部生活史均在水中完成，我們稱牠們為水棲甲蟲，例如：龍蝨、豉甲、牙蟲及螢火蟲等。為了適應水域生活，水棲甲蟲的構造及生理往往產生特化，例如：龍蝨、螢火蟲、豉甲的幼蟲具呼吸管或呼吸鰓，適合於水中呼吸。

豉甲幼蟲具有明顯呼吸鰓。

動物糞便中含有部分未消化的養分，因此像是糞金龜、閻魔蟲等昆蟲於這些糞便中產卵，卵孵化後，幼蟲便潛伏於糞便中生活。糞便不但提供幼蟲食物，也能隔離惡劣環境，提供穩定舒適的棲所。例如糞球金龜，牠將糞便滾成圓球，並把卵產在糞球中；糞球成為孵化幼蟲的場所，糞球金龜也發揮了清除者的功能。

糞球金龜將糞便做為孵化幼蟲的場所。

此外，動物死亡後的屍體，也常成為埋葬蟲及閻魔蟲等腐食性昆蟲的棲所。這類昆蟲扮演著清除動物屍體的角色，協助生態系中養分的循環。

分解動物屍體的紅胸埋葬蟲。

在一些陰暗的環境，例如土丘洞穴或石頭縫隙中也常有步行蟲等昆蟲棲息。而在土壤環境中，金龜子幼蟲常棲息於地下的植物根部附近。

然而，與甲蟲生育地關係最密切的莫過於陸域生態系的各類植物，植物的不同部位及其生活史中各階段的產物都可能是甲蟲棲息的場所。就臺灣森林而言，林地占了全島面積的52%，因為地形陡峭，海拔高度落差大，涵蓋了溫帶、亞熱帶及熱帶氣候，加上四面臨海受海風長期吹拂，造成許多環境上的變化。且由於雨量與溫度的差異，島上高山林立，形成了有4,000多種維管束植物的多樣性植物社會，孕育高歧異度的甲蟲相。

就樹木層次而言，山地森林樹冠層、灌木層和地被層等微環境與植物種類的不同，棲息於林內的甲蟲利用植物的方式和時間便各有不同。此外，一棵樹木從種子發芽到成熟乃至死亡、分解等不同階段，都可為不同的甲蟲所運用，甚至同一年中不同時節的物候變化，例如：長葉芽、長新葉、葉片成熟、落葉、長花芽、開花、結果等都會吸引不同的甲蟲前來取食或棲息。

天然林林相。

春夏季時穿梭樹冠層花叢間的訪花性天牛。

　　樹冠層位於樹幹的頂端為樹枝和樹葉所覆蓋，是一棵樹生產力最大的部分，也是棲息森林昆蟲最多的地方。茂密的枝葉和強烈的陽光，是冠層環境的特性。茂盛的樹葉帶給植食性甲蟲豐富的食物來源，遠離地面也可減少天敵捕食的機會，因此具良好飛行能力的甲蟲喜愛棲息於樹冠層。花粉富含蛋白質和醣類，花蜜則具有水分和各種醣類，它們是許多甲蟲相當營養的食物來源，因此，每當冠層花開時，常引來各種訪花性甲蟲，例如：花天牛、金龜子和叩頭蟲等。某些甲蟲會探訪特定植物所開的花，甚至其成蟲發生期也由花期來決定。

訪花吸蜜的花金龜。

捲葉象鼻蟲（左雄右雌）。

　　就葉部而言，綠色的昆蟲通常棲息葉片上，藉由保護色而不被天敵所發現。啃食葉片的昆蟲通常隱蔽在葉片腹面。植食性象鼻蟲或金花蟲則直接棲息葉片上。有些昆蟲吐絲結繭為帳幕、將葉片綴連成巢狀或將葉片捲為筒狀並棲息其中。

被捲葉象鼻蟲捲成筒狀產卵的葉片。

樹幹部分則是樹木儲存最大生物量的部位，外部為樹皮，內部則木質化，不同樹種的樹皮含有不同的養分。不過就角質化的表皮而言，除了天牛和蠹蟲外，甚少為昆蟲直接取用。樹幹上的甲蟲常利用凹凸不平或具裂縫的樹皮與樹洞棲息、躲藏或化蛹，例如：許多種類的鍬形蟲或薑甲等就常棲息樹幹或樹皮縫隙間；天牛幼蟲則常潛伏樹幹內部，蛀食組織；此外，樹幹因某些原因流出樹液時，也會吸引一些甲蟲前往覓食，特別是殼斗科植物或白雞油的樹液常會吸引許多鍬形蟲或獨角仙。而在潮濕的森林裡，樹幹外表常為苔蘚、菌類、蕨類與藤蔓著生，自然也吸引許多以此為食的甲蟲，例如某些薑甲便會取食香菇等蕈類。

樹幹上活動的擬步行蟲以苔蘚或真菌為食。

於樹幹上吸食柑橘樹液的金龜子。

　　此外，枯木也是許多甲蟲棲息及食物來源的場所，不僅是幼蟲食物的來源，也是求偶、交配、覓食和棲息的重要場所。不僅鍬形蟲或金龜子幼蟲等啃食朽木纖維為食的昆蟲居住在朽木中，朽木縫隙亦可提供許多昆蟲隱蔽空間，步行蟲或其他越冬昆蟲也常棲息在朽木中。

腐朽的木材是許多昆蟲的重要食物來源。

森林底層常為枯枝落葉所覆蓋或長滿草本植物與蕨類。相對於冠層的環境，由於樹葉遮蔭，缺少陽光照射而陰暗潮濕，棲息其間的多為不善飛行或暫時躲避天敵的昆蟲。落葉堆本身豐富的有機質和複雜的空間提供了清除者與地棲昆蟲食物和棲息場所。落葉堆底下的腐植層，則是土壤昆蟲生活的場所，有些金龜子和鍬形蟲的幼生期便生長於此。

　　從以上敘述，我們可以知道甲蟲出現在各種自然環境中，水中、陸地等幾乎無所不在，我們甚至可能在家裡木製桌椅中發現家天牛的幼蟲，或是在廚房裡發現豆象及米象等倉庫害蟲棲息於乾燥的豆類或白米等五穀雜糧中。只要夠細心，喜愛甲蟲的您一定可以找到形形色色的甲蟲。

活動於森林底層的長牙黑步行蟲。

家中常見的米象。

家裡的地瓜也常有甘藷蟻象來蛀食。

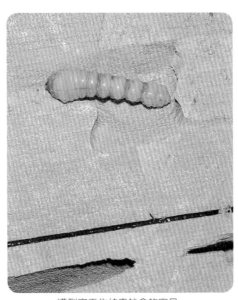

遭到家天牛幼蟲蛀食的家具。

　　由於昆蟲無法自行製造養分，因此需仰賴自然界中其他的生物提供維持生命的養分，所以在生態系中多扮演著消費者與清除者的角色。

　　甲蟲的種類繁多，所以食性也相當複雜，一般可將甲蟲的食性區分成：植食性、肉食性、糞食性與腐食性，另外尚有少數的食菌性與寄生性甲蟲，其中以植物為食的種類最多。

　　植物的花蜜是許多甲蟲的營養來源，但是甲蟲訪花的方式與蝴蝶或蜜蜂有著明顯不同，訪花的機制主要靠嗅覺，不同於蝴蝶與蜜蜂靠視覺能力訪花，所以花色不醒目但是氣味濃郁四溢的花朵，往往是吸引甲蟲群聚覓食的重要植物。喜歡訪花覓食的甲蟲，都擁有著靈敏的嗅覺與飛行能力。

殼斗科植物的花具有濃郁的氣味。

　　除了花蜜之外，植物枝幹流出的汁液，也是許多甲蟲所喜好的食物，如白雞油、柑橘樹等枝幹常可吸引鍬形蟲與金龜子前往覓食。當然，若是想更輕易的觀察到這些甲蟲，也可自備發酵完成的鳳梨或芒果，放置樹林底下，只要一個晚上，就可看到許多聞香而來的甲蟲停留在水果上覓食不願離開。

　　植食性的甲蟲除了上述訪花吸蜜與吸食樹液的種類外，尚有許多是以植物的葉片或花朵為食的，如金花蟲、天牛、金龜子等。

被腐熟的鳳梨吸引前來取食的鍬形蟲與金龜子。

肉食性的甲蟲以虎甲蟲與龍蝨為典型的代表。虎甲蟲屬於陸棲性昆蟲，偏好活動於林道路面或空曠的荒地中，成蟲捕食活動於相同環境的其他小昆蟲；幼蟲則生活於土中，躲藏於自己挖掘的地穴中，捕食經過洞口的小昆蟲。

龍蝨屬於水棲性昆蟲，以其他水棲生物或是動物的死屍為食；幼蟲也是肉食性，靠捕食水中小生物為食。

糞食性的甲蟲代表就是大家耳熟能詳的糞金龜。若要欣賞這些逐臭之夫，只要到郊外尋找牛糞，翻動一下，就有機會見到牠們的身影。

腐食性的甲蟲代表物種是埋葬蟲。當野外有動物死亡時，通常都是靠著埋葬蟲將牠們快速取食清除，幫助營養素回歸自然，由此可見小小昆蟲於自然環境中的重要性。

白雞油樹的汁液可吸引許多甲蟲前來覓食。

趨性

日常生活中，甲蟲的活動方向常會受到光線、濕度或其他化學物質等外在因子的影響，此種現象稱為趨性。此乃甲蟲本身對外在刺激因子所產生的機械式反應動作，牠們無法考慮反應結果對其本身的利害關係，而演化的結果，趨性對甲蟲通常是有益的，如正趨化性，可幫助甲蟲覓得食物或找尋到正確的交配對象；但隨著環境的改變（人造光源的

出現），造成甲蟲的趨性不再完全是有利的，如正趨光性，牠讓甲蟲飛向光源，而光源下常有牠們的天敵在等候著，所以正趨光性反而讓甲蟲步向死亡的威脅。不同種類的甲蟲對外在因子的反應不同，因而產生不同的趨性，甲蟲常見的趨性如下：

1.趨光性

甲蟲受到光線的刺激後所產生的明顯反應動作叫做趨光性。如果是向著光源方向運動稱為正趨光性，而許多種類的甲蟲都有著正趨光性的行為，如天牛、金龜子、鍬形蟲等；如果是背向光源而趨向暗處者，稱為負趨光性，如螢火蟲。利用甲蟲的正趨光性行為從事夜間採集工作，常可得到良好的效果。

夜間燈光採集可誘引到許多昆蟲。

2.趨化性

甲蟲的身上具有化學感應器官，能對化學物質的刺激產生反應，稱為趨化性。趨化性對甲蟲的習性影響極大，多數甲蟲覓食及尋找配偶的動作，常是因食物及配偶所散發的化學物質導致正趨化性結果，如埋葬蟲對動物屍體所產生的化學物質有正趨化性。

天敵

「螳螂捕蟬、黃雀在後」這句成語表現的是自然界中食物鏈的關係，甲蟲在自然界食物鏈中所扮演的主要角色是消費者與清除者，牠們以生產者—植物為食，或是以其他動物的死屍、糞便為食。雖然甲蟲具有堅硬的外骨骼，但牠們還是會遭到其他消費者的捕食，而這些捕食昆蟲的生物便是甲蟲的天敵。

腐熟水果的氣味對昆蟲有致命的吸引力。

1.哺乳類

　　許多哺乳動物都有食用甲蟲的習性，其中較爲常見的有靈長目的獼猴、囓齒目的鼠類、食蟲目的尖鼠以及翼手目的蝙蝠等，這些都是甲蟲可怕的天敵。在夜間採集過程中，常可發現林道旁的鼠類前來偷吃甲蟲，以及飛行途中遭蝙蝠攻擊留下半截身體的甲蟲。

臺灣獼猴的主食包含多種昆蟲。

2.鳥類

　　鳥類是甲蟲的天敵之一。許多鳥類會捕食甲蟲，牠們雖然無法將甲蟲堅硬的外殼咬碎，但牠們懂得從甲蟲最脆弱的部分下手，食用甲蟲柔軟的腹部，補充豐富的蛋白質。

飛行中遭到鳥吻的天牛。

蟾蜍糞便中可發現無法消化的甲蟲軀殼。

3.兩棲、爬蟲類

　　不論是青蛙、蟾蜍、蜥蜴或蛇類也都是甲蟲的天敵。當牠們發現體型較小的甲蟲時，就會將牠們整隻吞下肚。路燈下常可見到許多蟾蜍的糞便，這些糞便中偶爾就可以看見無法被消化的甲蟲軀殼。

4.節肢動物

　　蜘蛛結的網是許多昆蟲的奪命陷阱，連甲蟲也無法倖免，遭到捕獲的甲蟲會被蜘蛛吸光體液，然後將外骨骼丟棄。當然昆蟲也會捕食昆蟲，雖然甲蟲有著堅硬的外骨骼，一般肉食性的昆蟲不喜歡捕食牠們，但還是有部分種類的昆蟲會捕食甲蟲，較常見的有食蟲虻，牠們食用甲蟲的方法也是將甲蟲的體液吸乾後再丟棄外骨骼。

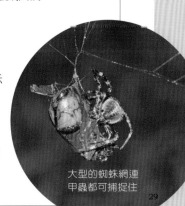

大型的蜘蛛網連甲蟲都可捕捉住

甲蟲的變態

　　鞘翅目的昆蟲屬於「完全變態」的昆蟲，牠的生活史必須經歷卵、幼蟲、蛹、成蟲四個不同的階段。雖然甲蟲種類繁多，但在生活史的蛻變過程與形式上，彼此之間其實大同小異。

交配

卵

卵

　　以獨角仙為例，獨角仙的生活史為一年一世代，每年的5～8月（因產地不同而有些微差異）是獨角仙成蟲的活躍期。經過交配後的雌獨角仙會找尋適合繁殖下一代的環境（通常牠們喜好肥沃的腐植土），找到合適的腐植土後雌蟲便會往土堆裡鑽，然後將腹部內的卵粒產於腐植土內。

幼蟲

　　當卵發育成熟後（約1至2週），裡頭的蟲寶寶便會破殼而出，此時稱為一齡幼蟲；接下來的歲月中，幼蟲會以腐質土為食，隨著身體日漸成長，一齡幼蟲約2週後會蛻皮成為「二齡幼蟲」；二齡幼蟲約3週後會再次蛻皮成為「三齡幼蟲」，三齡幼蟲則持續進食長大。

一齡幼蟲

二齡幼蟲

三齡幼蟲

蛹

　　幼蟲經過8個月左右的成長便開始準備化蛹（獨角仙的幼蟲一生中僅有三齡）。老熟的幼蟲體色會明顯變黃並停止進食，當找到一處合適的地點後，牠會先將腐植土推擠出一個蛹室的雛形，接著排出體內的糞便並用這些糞土將蛹室內壁細緻化，然後才靜靜的等待化蛹。再經過2週後，便可看見與成蟲外觀相近的蛹了。

老熟的幼蟲

築蛹室

前蛹

蛹

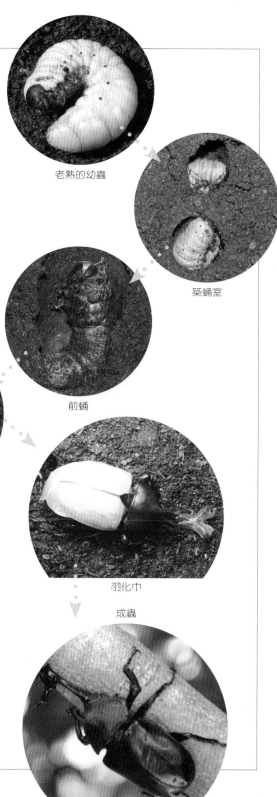

羽化中

成蟲

成蟲

　　再經過2、3週以後，蛹的顏色會明顯變深，最後就羽化出一隻完整的獨角仙成蟲，剛羽化的獨角仙體壁還很柔軟，且上翅是乳白色的，經過一段時間後，體壁才會變堅硬，上翅也轉變成黑褐色，但牠仍會在土中待上2～3週左右，讓身體各部位成熟，待完全成熟後，才會突破蛹室破土而出開始精彩的成蟲生活。

2

鍬形蟲的基礎飼育

鍬形蟲的基礎飼育

外型特殊的鍬形蟲吸引了無數的大小朋友喜愛，但是該養哪一種鍬形蟲呢？這應該是剛入門的飼育者常面臨的問題。當然，這是個重要的關鍵。如何在第一次飼養鍬形蟲時選對物種，讓你在飼育的過程中可享受鍬形蟲成長及繁殖的樂趣，決定點便在此關鍵時期，不可不慎。

飼育物種的選擇

生活在天然環境下的鍬形蟲各有其不同的生存環境和環境因子（溫度、濕度等）的限制條件。部分生活在高海拔原始林內氣溫較低、濕度較高的物種，當轉換到我們平地的家中飼養時就容易因環境不適合而影響其生長繁殖，甚至造成死亡，因此若無特殊飼育器材或設備時，就應先選擇低海拔物種或對環境因子限制較寬廣的物種飼養，否則只會增加飼育失敗的經驗，讓您對鍬形蟲飼育的興趣大打折扣。

因此，在選購鍬形蟲前，我們就必須先對常見物種的基本生活條件有所瞭解或請昆蟲飼育專門店老闆給予建議，右表為幾種國內外常見鍬形蟲對溫度的適應條件，提供飼育者參考選擇。

臺灣產鍬形蟲	
物種	幼蟲飼育溫度
扁鍬形蟲	20～30 ℃
深山扁鍬形蟲	20～28 ℃
鹿角鍬形蟲	22～30 ℃
兩點鋸鍬形蟲	22～30 ℃
高砂鋸鍬形蟲	23～30 ℃
雞冠細身赤鍬形蟲	20～30 ℃
鬼豔鍬形蟲	22～30 ℃
臺灣深山鍬形蟲	20～30 ℃
高砂深山鍬形蟲	18～25 ℃
紅圓翅鍬形蟲	22～28 ℃

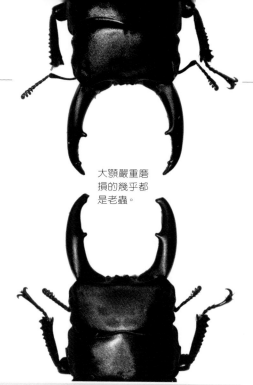

　　選擇好想要購買且適合的鍬形蟲物種後，接著就是選擇要購買的個體了，當同一物種有多隻個體可選擇時，可依下列幾項特點選擇較佳者購買：

1.活力佳或蟄伏未進食者。

2.身體各部分肢體形態健全完整者（例如六足健全、大顎無磨損及翅鞘沒有凹洞等）。

3.鍬形蟲體型大小相似時，可選購重量較重的個體。

大顎嚴重磨損的幾乎都是老蟲。

| 成蟲飼育溫度 | 國外產鍬形蟲 | | |
	物種	幼蟲飼育溫度	成蟲飼育溫度
24～33 ℃	蘇拉維西大扁鍬形蟲	20～28 ℃	24～32 ℃
25～33 ℃	巴拉望大扁鍬形蟲	20～28 ℃	24～32 ℃
25～32 ℃	彩虹鍬形蟲	18～28 ℃	24～30 ℃
24～32 ℃	美他利佛細身赤鍬形蟲	18～28 ℃	24～30 ℃
25～33 ℃	橘背叉角鍬形蟲	22～30 ℃	22～30 ℃
24～33 ℃	野牛鋸鍬形蟲	20～20 ℃	25～32 ℃
25～33 ℃	長頸鹿鋸鍬形蟲	22～28 ℃	24～32 ℃
20～30 ℃	黃邊鬼豔鍬形蟲	22～28 ℃	24～30 ℃
22～28 ℃	安達佑實大鍬形蟲	18～28 ℃	24～30 ℃
25～32℃	中國大鍬形蟲	18～28 ℃	24～30 ℃

備註：此溫度為鍬形蟲可適應的溫度範圍，但應避免以最高溫長期飼養，否則死亡率會較高。

飼育材料的選擇與準備

飼育容器

　　飼育的容器必須依照飼養的鍬形蟲物種及目的選擇。相關飼育的容器種類繁多，包括：

(1)寵物飼養專用飼養箱。

(2)市售的各種置物箱收納盒。

(3)各種回收再利用的瓶瓶罐罐。

　　以上均可以當作飼養容器。選擇標準以便於觀察、清理及管理等要點選擇。

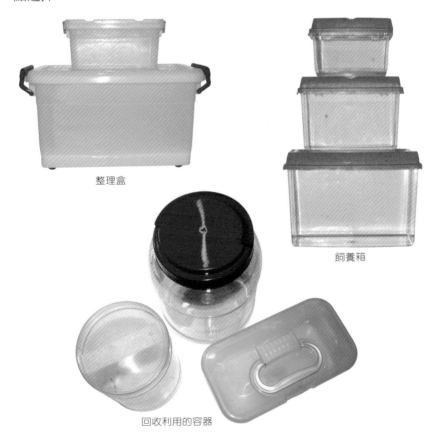

整理盒

飼養箱

回收利用的容器

水苔

飼育用木屑

(1) 生木屑：未經發酵的木屑，可提供鍬形蟲成蟲躲藏及保濕，也可使用市售種蘭花的水苔代替。

(2) 發酵木屑：生木屑添加發酵劑及適當營養添加物發酵後所形成，可提供鍬形蟲成蟲產卵及幼蟲食用。

生木屑

① 依照木屑種類可分為：

　＊針葉樹發酵木屑。

　＊闊葉樹發酵木屑。

② 依照木屑發酵次數則可分為：

　＊初次發酵木屑：生木屑經過一次發酵產生，發酵後木屑顏色較淡（一般均為淡褐色）。

　＊二次發酵木屑：生木屑經過二次發酵產生，發酵後木屑顏色介於初次與多次發酵之間。

初次發酵木屑

　＊多次發酵木屑：生木屑經過二次以上發酵產生，發酵後木屑顏色較深（一般均為深褐色）。

市售相關飼育用木屑種類繁多，選擇木屑時可依照飼育目的、需要及鍬形蟲物種做選擇。簡要木屑選擇要點如下：

二次發酵木屑

① 只飼養成蟲而不繁殖時，選擇生木屑即可。

② 要讓成蟲產卵時，可選用初次或二次發酵木屑當產卵床。

③ 飼養鍬形蟲幼蟲則需二次或多次發酵木屑才行，依照不同鍬形蟲幼蟲的需求，選擇不同發酵次數的多次發酵木屑。

多次發酵木屑

2

鍬形蟲的基礎飼育

產卵木

　　經菇菌類生長後適度腐朽的木頭，提供大多數鍬形蟲產卵用。臺灣產製的產卵木，大多為香菇農培育段木香菇後適度腐朽的木頭，一段段的木頭經香菇生長後適度分解腐朽，正好適合鍬形蟲產卵。因段木本來就有不同粗細且經分解腐朽程度不同也會有軟硬之分，因此可依不同鍬形蟲種類選擇適當軟硬度及粗細的產卵木，但有部分的鍬形蟲不需使用產卵木只需發酵木屑即可產卵。

產卵木

攀爬枝條與樹皮

攀爬及防跌樹枝或木片

　　昆蟲成蟲飼育的環境中，不論要不要繁殖均需放入攀爬及防跌樹枝或木片，此樹枝木片是提供鍬形蟲攀爬並防止鍬形蟲翻倒後爬不起來，若沒有提供樹枝則鍬形蟲翻倒後無法抓住樹枝翻正，鍬形蟲會十分不安而不斷的揮舞六足，最後會因體力耗盡而死亡。

鍬形蟲成蟲食物

　　飼養成蟲時可選擇市售的昆蟲專用果凍或新鮮水果。使用專用果凍較方便，約3天更換1次即可，同時可避免滋生果蠅。市售的專用果凍種類及口味繁多（包括黑糖、樹液、香蕉、蜂蜜等口味及繁殖專用營養加強等種類），可依照需要選擇，例如：若只是一般飼養不繁殖的話則可選擇黑糖或樹液等一般的果凍即可，但若要繁殖則可將一般果凍與營養加強果凍交替餵食。若餵食水果則可依照甜度高及水分高為基準選擇水果的種類，例如：香蕉、芒果、蘋果及鳳梨等。餵食水果容易滋生果蠅及散發異味，因此最好每天更換。

昆蟲專用果凍

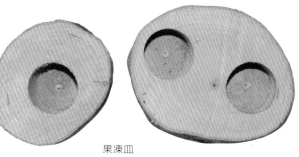

果凍皿

果凍皿或盛水果的小碟子

　　飼養鍬形蟲時因果凍易翻倒或水果汁液易流出，造成飼養環境髒污，因此可準備一果凍皿置放果凍或小碟子放水果，方便飼養環境的清潔管理。

菌絲瓶

　　以瓶（袋）裝木屑培養菇菌類菌絲的商品，用以飼養部分鍬形蟲幼蟲。菌絲瓶俗稱太空包、菌瓶或菌母瓶，原是菇農用以生產菇類提供人類食用，因部分種類的鍬形幼蟲食用含菌絲的木屑成長良好，因此被廣泛利用於飼育鍬形蟲的幼蟲。市售的菌絲瓶大多是培養袖珍菇及杏鮑菇的菌絲，也有少數為培養其他菇菌類的菌絲。

菌絲瓶

	幼蟲飼育	成蟲飼養（非繁殖）	成蟲飼育（繁殖）	備註
飼養容器	★	★	★	依照飼育類別及鍬形蟲種類選擇適當容器
生木屑		★		可用種花用培養土或水苔代替
發酵木屑	◎		◎	幼蟲飼養時，可依鍬形蟲種類選擇發酵木屑或菌絲瓶飼養幼蟲
產卵木			◎	依照鍬形蟲種類選擇使用
果凍、水果		★	★	2～3天更換1次
果凍皿、小碟子		◇	◇	選用，便於維護飼育環境之清潔
攀爬樹枝		★	★	可至公園或郊外撿拾小樹枝使用
菌絲瓶	◎			幼蟲飼養時，可依鍬形蟲種類選擇發酵木屑或菌絲瓶飼養幼蟲
防蟲木蚋紙	◇	◇	◇	建議使用，以維護生活環境品質
灑水噴霧器	◇	◇	◇	記得2～3天要灑水保持飼育環境潮濕喔！
一字螺絲起子	◎		◎	剝開產卵木取出或放入幼蟲時使用

符號說明：★：必須使用　◎：依鍬形蟲種類需求選用　◇：依飼育者使用需求選用

鍬形蟲成蟲的飼育與管理

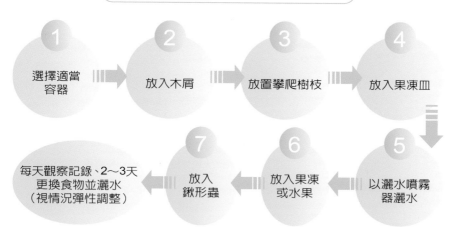

鍬形蟲成蟲飼養（非繁殖）

1 選擇適當容器 → **2** 放入木屑 → **3** 放置攀爬樹枝 → **4** 放入果凍皿

7 每天觀察記錄、2～3天更換食物並灑水（視情況彈性調整） ← **6** 放入果凍或水果 ← **5** 以灑水噴霧器灑水

6 放入果凍或水果

5 以灑水噴霧器灑水

放入鍬形蟲

選擇適當容器

　　飼養鍬形蟲時到底需要多大的空間才適合呢？一般的想法是空間大一點，成蟲有較多的活動空間，應該會比較好。但是容器太大易造成部分鍬形蟲不斷走動消耗體力，且過大的容器也占空間。所以在此提供基本的參考單位，作為選擇容器的參考：

　　依照鍬形蟲雄蟲體長的4倍、3倍及3倍長度做為容器長、寬及高度的選擇。（例如：若飼養一對鍬形蟲，雄蟲體長6公分，雌蟲體長3公分，則選擇容器的大小約為長=6×4公分、寬=6×3公分及高=6×3公分），當然很少容器的大小會完全符合，只是提供大略的參考依據，可視實際情況彈性調整。

　　決定飼養空間的大小後，即可著手挑選專用飼養箱或是利用其他容器了！將這二類容器的優缺點表列如次頁：

選擇適當容器

	專用飼養箱	其他DIY容器
優點	1.規格化商品，分成小、中、大及特大四種，方便管理。 2.專用飼養箱，已考量飼養寵物的需求，買來即可使用。 3.透明度高，方便觀察。 4.容易購得。	1.利用資源回收的盒子、瓶罐等，節省能源、減少污染又省錢。 2.容器開口直接接觸空氣較少，可減少水分流失，保濕效果佳。 3.慎選牢固的容器後，成蟲不易咬壞蓋子逃逸。 4.容易取得。
缺點	1.需花錢購買。 2.飼育箱蓋子為塑膠網狀設計，雖通風良好，但水分流失快，需經常灑水。 3.上蓋易遭鍬形蟲咬壞，造成成蟲逃逸。	1.各種資源回收的盒子、瓶罐等大小、形狀均不相同，因此管理上較麻煩。 2.非專用飼養箱，未考量飼養寵物的需求，取得後可能需再做修改才可使用（例如將蓋子打洞維持空氣流通）。 3.透明度差異大，較不便於觀察。
備註	規格化飼養箱尺寸（長X寬X高） 小飼養箱：16X8X12cm 中飼養箱：21X11X16cm 大飼養箱：27X14X20cm 特大飼養箱：33X16X25cm	可利用的DIY容器： 各種收納盒、禮餅盒、海苔瓶、餅乾糖果盒或奶粉罐……等。

放入木屑

2

在容器中放入約2～3公分厚的潮濕生木屑（可用種花用培養土或種蘭花用的水苔代替），鬆軟即可不必壓實，其目的在於提供鍬形蟲躲藏及保持潮濕用，只要鍬形蟲鑽入木屑可完全掩蓋住即可，因此可自行彈性調整鋪放木屑的厚度。

放入水苔或木屑

放置攀爬樹枝或木片

　　因為在飼養容器中鋪放的木屑（培養土或水苔）無法提供鍬形蟲攀爬，鍬形蟲易翻倒，由於無法抓到固定且粗糙的物體翻回正面，這時候成蟲會十分緊張而不斷揮舞著六足試圖抓住物體，因此提供攀爬樹枝或木片是十分重要的，最好能多放幾根，確保成蟲翻倒後能抓到樹枝翻正，否則鍬形蟲可能在短時間內因體力耗盡而死亡，不可不慎喔！

放置攀爬樹枝

　　攀爬樹枝的取得可至鄰近公園或郊外撿拾樹上掉落的樹枝，鋸切成適當長度後即可使用，或者也可使用以前剝產卵木找出幼蟲時剩下的木片，若擔心野外撿拾的樹枝有其他寄生蟲，可先將撿回的樹枝用塑膠袋包好後放於冰箱冷凍庫中冰凍1天後再使用。若預算許可，也可購買果凍皿置放於飼養環境內，除了可以置放果凍保持飼養環境的清潔外，還可以提供鍬形蟲攀爬，一舉兩得喔！

放入果凍皿（選用）

以灑水噴霧器灑水

　　鍬形蟲原生環境在原始森林中，其生活環境濕度很高，因此在布置鍬形蟲飼養環境時，也必須注意時常在飼育環境中灑水，以保持飼育環境的潮濕。若飼育環境過於乾燥

以噴灑器灑水

容易造成鍬形蟲的死亡。布置好飼育環境以後還是需要時時注意環境中的濕度，依實際情況彈性調整灑水時間，通常約2～3天灑水1次。

放入鍬形蟲愛吃的果凍（昆蟲專用）或新鮮水果

持續攝取食物是鍬形蟲獲得活動、生殖等能量的來源，必須持續穩定的提供成蟲足夠食物，而餵食次數及間隔時間可依照鍬形蟲的大小做調整，通常約2～3天餵食一顆果凍即可，若為小型的鍬形蟲，則1次餵食半顆果凍即可，如此可避免食物的浪費及腐敗，造成飼養環境的髒亂及滋生果蠅。

放入鍬形蟲成蟲開始飼養

飼養時應以一盒一蟲為原則，因鍬形蟲生性好鬥，不論同種或異種均有可能相互打鬥，進而造成鍬形蟲受傷或死亡。雌雄蟲放在一起配對時最好也是在觀察下進行，平時也以分開飼養為佳，因為雄蟲把雌蟲夾死的例子亦不少呢！

觀察與記錄

進行到此成蟲飼養的初步工作就大功告成了，接下來就剩好好觀察記錄和記得每隔2～3天要噴水及更換果凍等工作了！

放入果凍或水果

放入鍬形蟲

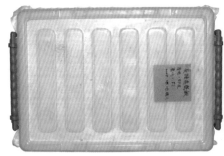
蓋上蓋子並貼上標籤

44

鍬形蟲成蟲飼養（繁殖）

① 雌雄蟲交配 ➡ **②** 選擇適合容器 ➡ **③** 依物種選擇產卵木及發酵木屑 ➡ **④** 產卵木泡水除蟲

⑥ 每天觀察記錄、每2～3天更換食物並灑水(視情況調整)，1.5～2個月後即可挖開木屑，剖開產卵木取出幼蟲(視情況彈性調整) ⬅ **⑥** 放入已交配的雌蟲 ⬅ **⑤** 布置產卵環境

鍬形蟲的交配

　　鍬形蟲為體內授精，因此必須藉由交配行為，雄蟲才能將精子送入雌蟲體內讓卵授精，而在交配過程中必須非常小心，因為在此過程中雄蟲可能會將雌蟲夾死，為避免這種情形發生，在交配時可用下列方式進行：

㈠在交配前先讓雌蟲禁食1天，而雄蟲則正常餵食，盡量讓雄蟲吃飽些。第2天準備一顆果凍讓雌蟲進食，然後小心且輕輕的將雄蟲放在雌蟲身上，並放輕動作，盡量不要驚嚇到雄蟲，此時若雌雄蟲皆已成熟，通常交配會順利進行。但若發現雌雄蟲有拒絕交配的情形，則可能為雌雄蟲其中一方尚未成熟或均未成熟，可以再分開飼養一陣子再進行交配。

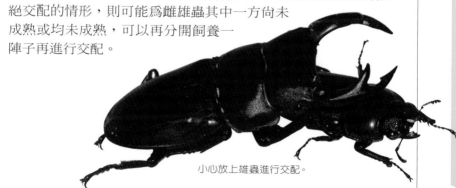

小心放上雄蟲進行交配。

㈡將雌雄蟲一起放入布置好的繁殖環境內，讓雌雄蟲自行找機會交配，因繁殖空間通常比一般飼育空間大。所以，若雌雄蟲尚未成熟，仍可在繁殖環境下等待成熟再交配，雌蟲不願交配時也有躲避之處。但此種方式風險較高，在以往的飼育經驗中，仍發生過雄蟲夾死雌蟲的紀錄。依此方式飼養約2週後，建議將雄蟲移出，以免雄蟲夾死雌蟲或干擾雌蟲產卵。

㈢當雌雄蟲都已成熟，但擔心將雌雄蟲放在一起飼養讓其自行交配時雌蟲會被雄蟲夾死，也可運用市售的專利商品「雄蟲大顎防夾器」將雄蟲大顎套住，如此雌蟲被夾死的機率大大降低，不但可避免雌蟲被夾死無法進行繁殖的遺憾，還可放心將雌雄蟲放在一起長時間飼養，待時機成熟再取出雌蟲進行產卵。

使用防夾器可降低雌蟲被夾死的機率。

繁殖容器的選擇

可依照雌蟲體長的8～10倍當作基本標準去選擇，（例如：雌蟲體長3公分，那麼選擇的容器長度最少要有3×8＝24公分）之後再依容器大小去鋸切適合的產卵木。一般市售的產卵木長度是依照大的寵物飼育箱的寬度鋸切的。因此，較方便的作法是選擇大飼育箱再搭配市售的產卵木，或利用收納箱（蓋子要鑽孔）作為繁殖的容器，其優缺點同一般飼育鍬形蟲時一樣。

選擇適當容器

(一)依物種選擇產卵木

(1)市售產卵木的長度均相似
（長度為14公分左右），一
般採用大飼育箱的寬度為鋸
切標準，但是仍有種類、直
徑及軟硬程度的差異，因此
在選擇產卵木時可依照蟲種
所需的條件選適合的產卵
木，參考物種及選擇產卵木
的基本條件如下表，列表僅
提供大略參考，當然可依照
雌蟲個體間體型的大小調整
選擇。

選擇適當大小產卵木

物種	是否需產卵木	粗細(直徑)	軟硬度	常見飼養種類
大鍬類鍬形蟲	●	粗	中等～硬	寮國大鍬、印度大鍬、日本大鍬、中國大鍬、安達佑實大鍬、印尼派瑞大鍬、刀鍬形蟲
大扁類鍬形蟲	●	粗	中等～硬	扁鍬、深山扁鍬、巴拉望大扁鍬、蘇門達臘大扁鍬、蘇拉維西大扁鍬、牛頭扁鍬、金牛扁鍬、條紋扁鍬、寬扁鍬、呂宋島大扁鍬
叉角類鍬形蟲	●	中	中等	巨顎叉角鍬、犀牛叉角鍬、橘背叉角鍬、黑叉角鍬
鹿角類鍬形蟲	●	中	中等	臺灣鹿角鍬、金剛鹿角鍬、雲頂鹿角鍬、黃金鹿角鍬、中國鹿角鍬
鋸鍬類鍬形蟲	●	小～粗	軟	高砂鋸鍬、兩點鋸鍬、長頸鹿鋸鍬、孔夫子鋸鍬、野牛鋸鍬、法布爾鋸鍬、華勒斯鋸鍬、三點鋸鍬、斑馬鋸鍬、鉗角鋸鍬、直顎側紋鋸鍬

物種	是否需產卵木	粗細(直徑)	軟硬度	常見飼養種類
細身類鍬形蟲	◎	小～中	軟	雞冠細身赤鍬、細身赤鍬、豔細身赤鍬、美他利佛細身赤鍬、帝王細身赤鍬、大頭寶寶細身赤鍬
圓翅類鍬形蟲	X			大圓翅鍬、泥圓翅鍬、紅圓翅鍬、小圓翅鍬、中國大圓翅鍬
肥角類鍬形蟲	X			臺灣肥角鍬、星肥角鍬、菲律賓肥角鍬、日本產肥角鍬
彩虹、金鍬類鍬形蟲	◎	小～中	軟	彩虹鍬、金鍬
鬼豔類鍬形蟲	X			鬼豔鍬、黃邊鬼豔鍬、紅邊鬼豔鍬、紅腳鬼豔鍬、毛鬼豔鍬、索摩里鬼豔鍬
深山類鍬形蟲	X			高砂深山鍬、臺灣深山鍬、姬深山鍬、歐洲深山鍬、猶太歐洲深山鍬
螃蟹類鍬形蟲	●	中	中等	螃蟹鍬、羅馬戰士鍬
黃金鬼類鍬形蟲	◎	中～粗	中等～硬	爪哇黃金鬼鍬、蘇門達臘黃金鬼鍬、馬來西亞黃金鬼鍬
非洲黑豔類鍬形蟲	●	中～粗	中等～硬	非洲大黑豔鍬、皇家大黑豔鍬

1.符號說明：●：必須使用　　◎：可用可不用　　X：不須使用
2.產卵木直徑：粗：10公分以上　　中：8～10公分　　小：8公分以下
3.粗或中產卵木可用多根小產卵木堆疊在一起代替

(2)產卵木軟硬度之判別：每根產卵木依腐朽程度不同會產生不同的軟硬度，判別方法可用指甲按壓木頭，若能輕鬆按壓形成凹洞，則為較軟的產卵木，反之則較硬。

㈡繁殖用發酵木屑之選擇

發酵木屑是以生木屑加入適當添加物及微生物發酵後形成的。木屑發酵的過程中會產生氨氣（俗稱阿摩尼亞）的臭味，若購買或自行發酵的發酵木屑仍會產生此臭味，則不可使用，可將此木屑置於通風處3～5天後，待發酵完成臭味散去後再使用。

發酵木屑依發酵的次數可分為：初次發酵、二次發酵或多次以上的多次發酵木屑。利用發酵木屑來布置產卵環境，可增進雌蟲產卵數。一般市售的發酵木屑大多已含營養添加劑，因此也可直接用於餵養適合用發酵木屑飼養的鍬形蟲幼蟲。

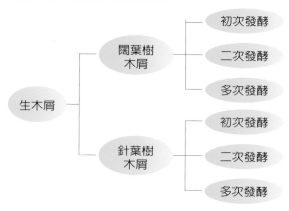

木屑判別方式

⑴木屑顏色：木屑發酵愈多次，顏色愈深

⑵木屑顆粒大小：木屑發酵愈多次，顆粒愈小愈柔軟

闊葉樹二次發酵木屑	闊葉樹多次發酵木屑	針葉樹發酵木屑
大多數鍬形蟲或初次嘗試繁殖，尚不知如何布置飼育環境時，可用此木屑	鬼豔屬鍬形蟲、深山屬鍬形蟲、圓翅屬鍬形蟲、肥角屬鍬形蟲適用	大圓翅鍬形蟲、條背大鍬形蟲、細角大鍬形蟲、姬肥角鍬形蟲、星肥角鍬形蟲、斑紋鍬形蟲適用

㈢繁殖用木屑濕度的調配

選擇好適合的發酵木屑後，必須將木屑調配成適當的濕度。將發酵木屑加水混合均勻後，取少許緊握於手中，若此時木屑不會滲出水來，手張開後木屑又能成團不鬆散，就是適當的濕度了。若緊握時滲出水表示太濕了，需再加些發酵木屑重新調成適當濕度。

成團不出水的木屑為恰當的濕度

產卵木泡水除蟲

選好產卵木後，必須先將產卵木浸泡於水中半天以上，讓產卵木充分吸收水分，接著以塑膠袋包好放入冰箱冷凍庫冰1天以上，一方面可除去雜蟲，另一方面又可讓木頭中纖維空隙撐大，有利母蟲鑽入產卵。最後除去塑膠袋放置於室溫1天，讓多餘水分流掉後即可使用。

浸泡產卵木

布置繁殖環境

㈠先放入少許發酵木屑於容器內，將木屑平鋪於容器底部壓緊（壓緊後可將容器倒置，木屑不會倒出即可），壓緊後木屑厚度約3～5公分厚。

放入少許木屑後壓緊

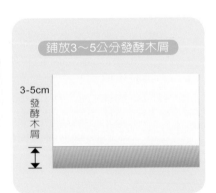

鋪放3～5公分發酵木屑

3-5cm
發酵木屑

㈡將已泡水除蟲的產卵木削去
樹皮（可減少雌蟲咬破樹皮
鑽入產卵木產卵時消耗的體
力），並放置於已鋪好壓實
的發酵木屑上，可依照產卵
容器大小、雌蟲體型大小、
產卵需求放置1至多根產卵
木。

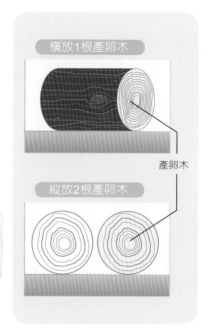

橫放1根產卵木

縱放2根產卵木

產卵木

放入產卵木

㈢用發酵木屑填滿容器和產卵
木之間的空隙，並用力壓
緊，填充發酵木屑的高度是
讓產卵木露出1／3～1／4為
原則。

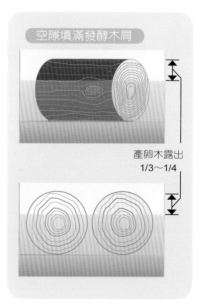

空隙填滿發酵木屑

產卵木露出
1/3～1/4

將容器填滿木屑

5

㈣在發酵木屑上放置數根攀爬樹枝或木片，提供鍬形蟲攀爬，避免鍬形蟲翻倒。

㈤以灑水噴霧器噴濕繁殖環境的表面。

㈥放入昆蟲飼養專用果凍或水果。

㈦放入交配好要產卵的雌蟲。

㈧蓋上蓋子並在蓋子上方鋪上防果蠅及木蚋的防蟲紙綁好。

㈨在容器面貼上標籤，並標明繁殖的鍬形蟲種類、繁殖置入日期，以利日後的管理。

㈩每2～3天依照環境濕度酌量灑水於表面保持濕度，並更換果凍或水果。每天觀察記錄，並觀察雌蟲在產卵環境的活動情形（盡量在不干擾的情況下靜靜觀察）。

㈩一若雌蟲順利產卵，1.5～2個月後有時可以在容器旁邊或底部看到鍬形蟲幼蟲，此時即可挖開木屑，剖開產卵木取出幼蟲。若未看到幼蟲則也該剖開產卵木檢視是否有幼蟲，若無幼蟲則可能雌蟲未成功交配或繁殖環境不適合，可重新讓雌蟲進行交配或重新布置繁殖環境。

放入攀爬木片

灑水

放入果凍再放入已交配的雌蟲

貼上標籤

繁殖環境中取出幼蟲

1 將繁殖環境中的攀爬樹枝及果凍取出

2 取一大塑膠盆，將繁殖環境整個倒置倒出

3 檢視發酵木屑，取出雌蟲，並檢視是否有幼蟲

4 剝開產卵木，檢視是否有幼蟲

5 選擇適當容器裝入發酵木屑，放入幼蟲飼養

幼蟲飼養及管理

　　雌蟲放入繁殖環境後，可在每次更換果凍或水果時檢視繁殖環境是否有雌蟲鑽入或咬產卵木的痕跡，若有此痕跡，則雌蟲可能已陸續產卵中，大多數鍬形蟲的卵孵化時間約2週左右，不同種類的鍬形蟲略有差異，待1.5～2個月左右，大多數幼蟲應都已孵化成長一段時間，此時即可將幼蟲取出分開飼育管理，一方面可更換產卵木及發酵木屑讓雌蟲繼續產卵，另一方面也可避免已產的卵或幼蟲被雌蟲咬破抓傷而死亡。以下為自繁殖環境中取出幼蟲的步驟：

取出輔助物，倒出繁殖環境

　　雌蟲放入繁殖環境1.5～2個月後，不論在繁殖環境周圍是否看到幼蟲，均需倒出繁殖環境確認是否有幼蟲。

　　先將飼育環境的輔助物取出，包括果凍皿、果凍、水果、攀爬樹枝、木片等。若此時看到雌蟲，就先將雌蟲取出裝於適當容器中。

取出攀爬樹枝等輔助物

接著，取一大塑膠盆（例如整理箱等），將繁殖環境容器內的產卵木及發酵木屑整個倒置於塑膠盆內，輕拍繁殖容器底部，讓所有木屑都倒入塑膠盆內。

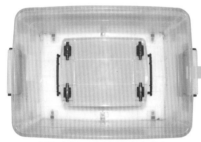

將繁殖容器倒置於更大容器中　　　　　　　　輕輕取出繁殖容器

檢視發酵木屑，取出雌蟲，並檢視是否有幼蟲

將緊實的發酵木屑翻鬆並檢視產卵雌蟲是否在木屑內，若發現雌蟲則將雌蟲取出裝於適當容器中，每次取少許發酵木屑依序仔細檢視發酵木屑中是否有卵或幼蟲，翻動木屑時動作需輕一點，避免造成卵或幼蟲的折損。

若發現雌蟲，則以小容器暫時安置　　　　　　檢視木屑中幼蟲

剖開產卵木，檢視是否有幼蟲

先仔細檢視產卵木上是否有雌蟲啃咬的痕跡，這些位置有可能為雌蟲產卵的位置，且幼蟲剛孵化時大多位於產卵木的表面，在產卵痕跡附近通常會有很多幼蟲，因此剖開產卵

檢視產卵木

木時，選擇距離這些位置最遠處開始較安全，可避免剖開產卵木時傷到幼蟲。

選擇好要剖開的位置後，若產卵木很軟，可直接用手小心的將產卵木扳成二半，之後順木材紋路一片片剝下檢視。但若產卵木很硬，則可使用一字螺絲起子將產卵木順著木材紋路一片片剝下，當發現有幼蟲或幼蟲食痕時就必須小心的剝下木頭，避免擠壓到幼蟲造成死亡。

軟的產卵木可直接以手扳開

檢視產卵木中幼蟲

幼蟲食痕

雌蟲咬痕

幼蟲食痕附近容易發現幼蟲

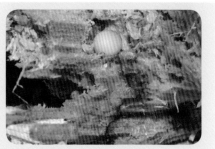

雌蟲咬痕附近容易發現卵

　　當在發酵木屑或產卵木中發現幼蟲時，便需選取一適當的飼養容器（一般均用120～250c.c.布丁杯），直接裝取繁殖環境的發酵木屑壓緊實，上方以工具壓一凹洞（視物種需要，也可選用菌絲瓶飼養，但一齡或二齡初幼蟲直將更換成菌絲瓶飼養時，死

選擇適當容器　　　　　　　　　　　　　　以小容器裝木屑後壓緊

若直接更換成菌絲瓶飼養，其操作步驟如前

貼上標籤

亡率高。因此建議剛從繁殖環境取出的一～二齡幼蟲可先以發酵木屑飼養），以小湯匙將幼蟲小心的移入此凹洞內（儘量避免用手直接抓取幼蟲），小心蓋上蓋子，不要擠壓到幼蟲。貼上標籤紙，標明飼養物種、鍬形蟲出產地、親代雌雄蟲大小、累代次數、置入時幼蟲齡期、置入容器飼養日期及飼養食材等，以利將來飼養管理。

在容器旁壓出一個小凹洞

以湯匙小心取出幼蟲

小心蓋上蓋子

將幼蟲放入凹洞中

幼蟲齡期與雌雄的判斷

㈠幼蟲齡期的判別

　　鍬形蟲幼蟲自孵化後至化蛹期間，共分三個齡期（一齡期幼蟲、二齡期幼蟲及三齡期幼蟲），每次齡期轉換成長需蛻去舊皮，蛻皮後其頭部大小會明顯增大，而在同一齡期時頭殼大小雖然固定不變，但胸腹部會不斷成長（增長增胖），因此可依鍬形蟲幼蟲頭殼大小（一般是以頭部寬度）來判斷幼蟲的齡期。

一、二、三齡幼蟲頭寬比較。

以下為三種不同體型鍬形蟲幼蟲頭部寬度的範例，提供飼育者參考：

鍬形蟲種類	體型大小	幼蟲頭部寬度		
		一齡期幼蟲	二齡期幼蟲	三齡期幼蟲
臺灣鏽鍬形蟲	小型	0.5～1.0 mm	1.5～2.5 mm	3.0～5.0 mm
雞冠細身赤鍬形蟲	中型	1.0～1.5 mm	2.5～3.5 mm	4.0～7.5 mm
長頸鹿鋸鍬形蟲	大型	1.5～2.0 mm	4.0～7.0 mm	10～18 mm

(二)幼蟲雌雄的判別

　　鍬形蟲幼蟲雌雄的判別需等到幼蟲成長至三齡中期後才比較容易判別。判別方式為：雌幼蟲胸腹部背面可看到二個淡黃色至黃色的囊狀物（近末端的1／4處背面），而無此構造的則為雄蟲。另外也可從幼蟲頭部寬度作大略的區分，同一齡期幼蟲中，頭部寬度比較寬者大多為雄蟲，反之則為雌蟲（此方法因有個體差異，只能提供作為大略區分，並不一定完全準確）。

同齡雌雄蟲頭寬比較（左雄右雌）。

雄蟲腹部末端。　　　　　　　　　雌蟲腹部末端具囊狀物。

幼蟲的飼養與管理

　　購買回來或從繁殖環境中取出的幼蟲先用發酵木屑飼養一段時間後（約1～2週），幼蟲大約會成長至二齡中期，此時即需要更換更大的飼養容器或更適合的食材。

選擇飼養幼蟲容器 → 選擇飼養幼蟲的食材 → 將幼蟲放入盛裝幼蟲食材的容器內飼養

時常觀察記錄，三齡末幼蟲需注意化蛹的管理 ← 幼蟲食材更換 ← 放置於適當位置並時常觀察記錄

選擇飼養幼蟲容器

　　可依照飼育的鍬形蟲成蟲體長、大小及不同齡期的幼蟲大小選擇適當的飼養容器（容器內容量約為600毫升、1公升或2公升等），若為菌絲瓶可選擇250毫升(mL)菌杯、1公升(L)裝菌絲瓶或2公升(L)裝菌絲瓶等。可參考下表自行選擇適當容器：

鍬形蟲種類／成蟲體長		體型大小	一～二齡幼蟲飼養容器內容量	三齡幼蟲飼養容器內容量
臺灣鏽鍬形蟲	雄成蟲體長：15～30 mm	小型	120 mL～250 mL	120 mL～250 mL
	雌成蟲體長：15～25 mm		120 mL～250 mL	120 mL～250 mL
雞冠細身赤鍬形蟲	雄成蟲體長：30～55 mm	中型	120 mL～250 mL	600 mL～1L
	雌成蟲體長：20～30 mm		120 mL～250 mL	250 mL～600 mL
鬼豔鍬形蟲（臺灣）	雄成蟲體長：45～95 mm	大型	120 mL～250 mL	1L～2L
	雌成蟲體長：40～55 mm		120 mL～250 mL	600 mL～1L
長頸鹿鋸鍬形蟲	雄成蟲體長：50～120 mm	大型	120 mL～250 mL	2L～3L
	雌成蟲體長：40～60 mm		120 mL～250 mL	600 mL～1L

選擇飼養幼蟲的食材

　　依照飼養的鍬形蟲幼蟲種類可選擇不同的飼養食材，包括產卵木、發酵木屑及菌絲瓶等食材飼養。以下為幾種常見鍬形蟲幼蟲可選擇的飼養食材，提供飼育者參考選擇：

鍬形蟲種類	飼養食材			常見鍬形蟲種類	
	產卵木	發酵木屑	菌絲瓶	臺灣產	國外產
大鍬類鍬形蟲	●	●	★	平頭大鍬、刀鍬、條背大鍬	寮國大鍬、印度大鍬、日本大鍬、中國大鍬、安達佑實大鍬、印尼派瑞大鍬、紅腳刀鍬
扁類鍬形蟲	●	●	★	扁鍬、深山扁鍬、鏽鍬	巴拉望大扁鍬、蘇門達臘大扁鍬、蘇拉維西大扁鍬、牛頭扁鍬、金牛扁鍬、條紋扁鍬、寬扁鍬、呂宋島大扁鍬
鹿角類鍬形蟲	●	★	◎	鹿角鍬、漆黑鹿角鍬	金剛鹿角鍬、雲頂鹿角鍬、黃金鹿角鍬、中國鹿角鍬
鋸鍬類鍬形蟲	●	★	◎	兩點鋸鍬、高砂鋸鍬	長頸鹿鋸鍬、孔夫子鋸鍬、野牛鋸鍬、法布爾鋸鍬、華勒斯鋸鍬、三點鋸鍬、斑馬鋸鍬、直顎側紋鋸鍬
細身類鍬形蟲	●	★	◎	雞冠細身赤鍬、細身赤鍬、豔細身赤鍬	美他利佛細身赤鍬、帝王細身赤鍬、大頭寶寶細身赤鍬
圓翅類鍬形蟲	X	★	X	大圓翅鍬、紅圓翅鍬、泥圓翅鍬	中國大圓翅鍬
肥角類鍬形蟲	◎	★	X	臺灣肥角鍬	菲律賓肥角鍬、星肥角鍬
鬼豔類鍬形蟲	◎	★	X	鬼豔鍬	黃邊鬼豔鍬
深山類鍬形蟲	X	★	X	臺灣深山鍬、高砂深山鍬、姬深山鍬	歐洲深山鍬、猶太歐洲深山鍬
叉角類鍬形蟲	●	●	★		巨顎叉角鍬、犀牛叉角鍬、黑叉角鍬、橘背叉角鍬
彩虹、金鍬類鍬形蟲	●	●	★		彩虹鍬、金鍬
螃蟹類鍬形蟲	●	●	★		螃蟹鍬、羅馬戰士鍬
黃金鬼類鍬形蟲	●	●	★		爪哇黃金鬼鍬、蘇門達臘黃金鬼鍬、馬來西亞黃金鬼鍬
非洲黑豔類鍬形蟲	●	●	★		非洲大黑豔鍬、皇家大黑豔鍬

符號說明：★：建議使用　●：可以使用　◎：依不同種類選用　X：不可使用
黃金鬼類鍬形蟲及非洲黑豔類鍬形蟲幼蟲需使用特殊菌絲瓶飼養（例如：雲芝菌絲瓶……等）

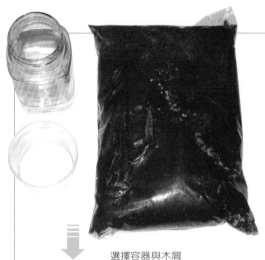

選擇容器與木屑

將木屑裝入容器並壓緊實

以器具壓一凹洞

㈠發酵木屑飼育法

（1）飼養步驟：

①選擇好適當的容器及發酵木
屑（與繁殖木屑的選擇相
似，但飼養幼蟲最好使用含
營養添加劑的發酵木屑）。

②發酵木屑濕度調配與繁殖用
相同。

③先放入部分發酵木屑於容器
內，用擠壓器或其他器具將
木屑壓緊實，依此方式填充
到容器九分滿為止。

④以竹筷或其他器具在壓緊實
的木屑上壓一凹洞。

⑤將幼蟲小心自原飼養的容器
中以小湯匙移入凹洞內，並
觀察幼蟲是否鑽入木屑內。

⑥蓋上防蟲紙與蓋子。

⑦貼上標籤紙，標明飼養物
種、親代產地、累代次數、
幼蟲齡期、置入容器飼養日
期及飼養食材等，以利將來
飼養管理。

⑧將幼蟲飼養於陰暗處，避免
陽光照射，並儘量置放於安
靜少干擾處飼養。

⑨每週於表面以灑水噴霧器酌
量灑水保持濕度。

⑩不同種類的幼蟲各有其適合
的飼養溫度，需注意！（可
參考前述飼育物種選擇參考
表中的幼蟲飼育溫度，第
34～35頁）

⑪剛放入發酵木屑飼養的幼蟲，需先觀察數日，若發現幼蟲持續於木屑表面停留不鑽入新食材進食時，表示幼蟲不適應此食材或木屑仍在發酵產生氨氣，此時應立即更換食材。

將幼蟲小心置入凹洞中

蓋上防蟲紙與蓋子

(2)更換發酵木屑時機：

　　發酵木屑經鍬形蟲幼蟲食用消化排出後顆粒會變細、顏色會變深，因此，若發現飼養容器內未食用的發酵木屑（顆粒較粗、顏色較淡的木屑）剩下約1／4～1／5時，即需更換發酵木屑了，重複上述飼養步驟更換發酵木屑且視需要更換成更大容量的飼養容器，當發現幼蟲食用木屑量漸少且體色轉黃時，就不需再更換木屑了，此時的幼蟲已準備化蛹，並開始用身體擠壓木屑及其排泄物形成一橢圓形蛹室，在幼蟲構築蛹室時需避免干擾，若不小心破壞了剛構築好的蛹室，幼蟲仍會重新製作新的蛹室，但會消耗更多的體力和能量而影響到羽化成功率或成蟲的大小。

貼上標籤

新鮮的發酵木屑

幼蟲食用後排出的廢土

選擇菌絲瓶

沿菌絲瓶邊挖一凹洞

將幼蟲小心移入凹洞中

㈡菌絲瓶飼育法

(1)飼養步驟：

①依照要飼養的幼蟲種類及成蟲體長選擇適當大小的菌杯或菌絲瓶，選購菌絲瓶時需注意，若菌絲瓶內容物表面已變黃、與容器面分離或長出菇類，表示菌絲瓶已老化，盡量避免購買（菌絲瓶內為培養菇類之活菌絲，因此有其生命週期，置放過久的菌絲瓶其內之菌絲會用盡木屑的養分，菌絲也跟著死亡，而長出菇類的菌絲瓶則會消耗掉部分養分，因此建議盡量避免購買此類之菌絲瓶）。

②用70%酒精將一字起子或其他適合器具消毒擦拭過後（避免菌絲感染其他黴菌），在菌絲瓶上方挖一小洞，深度需深一點，讓幼蟲可往內鑽。

③將幼蟲小心自原飼養的容器中以小湯匙移入菌絲瓶的凹洞內，讓幼蟲鑽入洞內。

④蓋上防木蚋的防蟲紙並蓋上蓋子。

⑤貼上標籤紙並置於適當的場所飼養（同發酵木屑飼養法）。

⑥剛放入菌絲瓶飼養的幼蟲，也需先觀察數日，若發現幼蟲不適應此食材時應立即更換。

蓋上蓋子

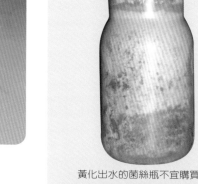

黃化出水的菌絲瓶不宜購買使用

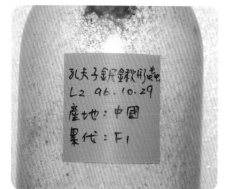

貼上標籤

發菇的菌絲瓶應避免購買

(2)更換菌絲瓶時機：

　　菌絲瓶內菌絲經鍬形蟲幼蟲鑽過食用後會形成棕黑色的食痕，因此，若發現飼養容器內未食用的菌絲剩下約1／4～1／5時，即需更換菌絲瓶了。視需要選購更大容量的菌絲瓶並重複上述飼養步驟更換即可。當發現幼蟲食用菌絲量漸少且體色轉黃時就不需更換菌絲瓶了。

左邊不需更換，右邊需要更換

㊂產卵木飼育法（觀察不便，較少使用）

　⑴飼養步驟：

　　①依照要飼養的幼蟲種類及成蟲體長選擇適當大小的產卵木（產卵木使用前的處理方式同成蟲繁殖時的處理：泡水→冰凍→室溫排除多餘水分）。

　　②在產卵木外圍以一字螺絲起子挖一小洞，洞口需大到可以讓幼蟲置入，深度需深一點，讓幼蟲可往內鑽。

　　③將幼蟲小心自原飼養的容器中以小湯匙移入挖好的小洞內，小心的讓幼蟲爬入洞內，再用少許碎木屑填充洞口，填充木屑時需小心，避免擠壓幼蟲。

　　④選一可裝入產卵木大小的容器，先在容器底部放入少許發酵木屑壓緊，接著放入飼養幼蟲的產卵木，鋪上少許發酵木屑於產卵木與容器間的空隙及上方並壓緊實。

選擇適當產卵木

以工具挖一凹洞

當產卵木快被幼蟲吃完就需更換新的產卵木

⑤蓋上防蟲紙與蓋子並貼上標籤，置於適當場所飼養（同發酵木屑
　飼養法）。

⑥每週於表面以灑水噴霧器酌量灑水保持濕度。

(2)更換產卵木時機：

　　用此種方法飼養幼蟲，不易觀察到幼蟲的活動情形與成長，因此
若為中小型鍬形蟲，1根中型以上的產卵木應已足夠讓幼蟲成長至化
蛹、羽化，所以不需更換產卵木，只需注意成蟲羽化時間取出成蟲即
可。

　　但若為大型鍬形蟲雄幼蟲，二齡初放入中型以上產卵木後，約3
個月就需檢視是否需更換產卵木。輕輕倒出飼養幼蟲的產卵木，此時
應很輕易的就能剝開產卵木取出幼蟲，而且內部的幼蟲應該為三齡幼
蟲，重複上述飼養步驟更換產卵木，此後約2個月檢視更換1次，更換
至第3根產卵木時就不需再更換了，因為第3根產卵木應該就足夠讓幼
蟲成長至化蛹、羽化了。

小心置入幼蟲

將洞口封住

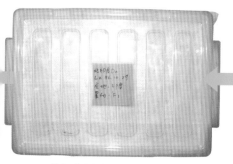
蓋上防蟲紙與蓋子並貼上標籤

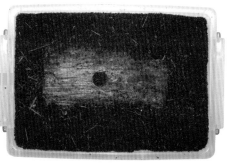
將產卵木放入適當容器並填滿發酵木屑

鍬形蟲化蛹管理

(一)鍬形蟲化蛹過程

　　鍬形蟲屬於完全變態的昆蟲，因此幼蟲要轉變為成蟲一定要經過蛹期這個過渡階段。飼養的幼蟲若成長至三齡末期，其幼蟲體色會轉變成黃色，且其食量會漸減，持續一段時間後，幼蟲就會停止進食並用身體擠壓木屑形成一橢圓形空間，接著持續排出體內的排泄物並將之擠壓填充在橢圓形空間內表面，最後形成一個外表為深褐色至黑色的堅固橢圓空間，此橢圓空間稱為"蛹室"。

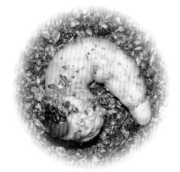

化蛹前的幼蟲體色明顯變黃

橢圓形蛹室

　　三齡末幼蟲建造好蛹室後就在蛹室內準備化蛹，此時的幼蟲會停止活動靜待化蛹，且其體色會由黃色漸漸轉變成淡黃色至稍呈透明狀，這個時期的幼蟲狀態稱為"前蛹期"。

　　幼蟲以前蛹的型態持續約1～2週後會蛻去舊皮形成"蛹"。在鍬形蟲的蛹期已可大略看出鍬形蟲成蟲的樣子，也可由外露的生殖器明確的分辨出雌雄蟲了。

前蛹

雄蛹可看見其生殖器

㈡鍬形蟲化蛹注意要點：

⑴當發現三齡末幼蟲體色轉變成黃色，而其食量漸減時，表示幼蟲即將化蛹，此時已不需再更換食材，而在化蛹至成蟲羽化的過程中，均需避免干擾。

⑵鍬形蟲的蛹室是以水平面爲基準面建造的，而蛹羽化爲成蟲的過程都在蛹室內進行，因此必須注意幼蟲化蛹時建造的蛹室空間是否足夠（例：若羽化後成蟲長度約有6公分的成蟲，則幼蟲化蛹時飼養容器的底面積至少應超過6公分才足夠）。

若發現飼養的幼蟲體型很大，且幼蟲已經變黃快進入前蛹期而來不及更換大的飼養容器時，可將飼養容器橫放增加水平面積，讓幼蟲順利建造空間較大的蛹室，沒有足夠的空間提供幼蟲築蛹室或是來不及更換容器時，則可靜待其化蛹後再小心取出蛹，置入較大空間的人工蛹室內，因爲蛹室空間不足容易造成羽化不全而使成蟲畸形甚至死亡，不可不慎！

⑶人工蛹室：

①人工蛹室的使用時機：

㈠幼蟲在小空間構築蛹室且進入前蛹期或蛹期，但蛹室大小不夠讓成蟲順利羽化。

㈡在菌絲瓶中化蛹，且瓶中菌絲快速腐敗出水時。

㈢不小心破壞了幼蟲已構築好的蛹室。

②人工蛹室的取得方式：

㈠昆蟲專賣店購買：以木頭或陶瓷等材質製造的人工蛹室，一般分爲三個尺寸（大、中及小），飼育者可直接選購合適大小的人工蛹室使用。

㈡自己DIY：

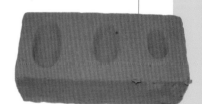

插花用海綿自製的人工蛹室，可配合蟲蛹大小自行調整。

⒜用插花用海綿以小湯匙挖一適當大小的半橢圓形空間充當人工蛹室。

⒝取一容器先裝少許潮濕的生木屑，用力壓緊實並依照蟲羽化所需空間壓一適當大小的半橢圓形空間，準備幾張衛生紙鋪於此空間上方，以灑水噴霧器灑水，讓衛生紙平貼於半橢圓形空間上。

③人工蛹室的使用：先將人工蛹室鋪上衛生紙，以灑水噴霧器噴濕衛生紙，讓衛生紙緊貼人工蛹室，若是使用插花用海綿，則只需將挖好人工蛹室的海綿吸水即可，接著從飼育環境挖出蛹，並小心將蛹移入人工蛹室內，最後將人工蛹室以保鮮膜包覆，再以針刺一些小孔就可靜待成蟲羽化囉！（注意保持適當濕度，若發現人工蛹室環境過於乾燥，可噴灑少許水於人工蛹室中。）

鍬形蟲羽化管理

蛹的六足開始活動

原本以背部平躺的蛹翻轉成背部朝上

頭部抬起，下翅晾乾摺疊收於翅鞘內

下翅展開後則平放於翅鞘下方，並向後延伸突出翅鞘外晾乾

突出翅鞘外的腹部漸漸收縮於翅鞘下方

外部體軀硬化，顏色變深，完成羽化

㈠鍬形蟲羽化過程

鍬形蟲剛化蛹時其顏色為淡黃色且稍呈透明狀，隨時間增加會逐漸轉變成黃褐色，當蛹的眼睛、頭胸部及六足轉成深褐色時，鍬形蟲約在24小時內會完成羽化，此為關鍵時期，需特別注意不要去干擾。

蛹皮從頭胸部的背面處裂開

藉由成蟲腹部收縮蠕動將蛹皮蛻出

左右上翅（翅鞘）先靠攏於腹部上方

原本皺縮的翅藉由體內液體的擠壓而展開

㈡鍬形蟲羽化注意要點：

⑴即將羽化或正在羽化的鍬形蟲非常脆弱，應避免干擾。

⑵羽化過程若受到干擾容易發生羽化不全而造成成蟲畸形甚至死亡。

⑶剛羽化完成的鍬形蟲成蟲其翅鞘仍呈現黃白色且很柔軟，不可去干擾或抓取，數日後翅鞘會漸漸轉變成黃褐色，但此時翅鞘仍未完全硬化應避免抓取，待2週後翅鞘才會變為成蟲原有顏色並完全變硬。

⑷羽化後鍬形蟲會先蟄伏於蛹室內一段時間，待其完全成熟後才會挖破蛹室爬出覓食活動，因此建議飼育者不需急著將成蟲挖出，待其自然成熟爬出最佳。

⑸若一定要先將羽化不久的成蟲或在人工蛹室羽化的成蟲取出，則可依照前述的鍬形蟲成蟲飼養（非繁殖）要點飼養管理成蟲，待其成熟後再進行交配繁殖。

3

兜蟲及植食性金龜
的基礎飼育

兜蟲及植食性金龜 的基礎飼育

兜蟲及植食性金龜常有著多樣的形態及色彩變化,容易吸引飼養者的購買,但牠們的分布及生活環境條件比鍬形蟲更廣更富含變化,因此需對各種欲飼養的物種有初步的瞭解,考量自己的飼育環境,選擇出最適合飼養的物種,才能讓您享受飼養繁殖的樂趣!

 ## 飼育物種的選擇

　　兜蟲及植食性金龜基礎飼育物種的選擇方式與鍬形蟲相似(參考第34頁),但兜蟲及植食性金龜的壽命一般較鍬形蟲更短,所以選購時更需謹慎小心!右表為幾種國內外常見兜蟲、植食性金龜對溫度的適應條件,提供飼育者參考選擇:

品項完整者較為健康

翅鞘未收合者應避免購買

臺灣產兜蟲、植食性金龜			國外產兜蟲、植食性金龜		
物種	幼蟲 飼育溫度	成蟲 飼育溫度	物種	幼蟲 飼育溫度	成蟲 飼育溫度
獨角仙	24～32 ℃	25～33 ℃	長戟大兜蟲	20～26 ℃	24～28 ℃
蘭嶼姬兜蟲	24～32 ℃	25～33 ℃	高卡薩斯南洋 大兜蟲	22～30 ℃	24～32 ℃
犀角金龜	25～32 ℃	26～34 ℃	阿特拉斯南洋 大兜蟲	22～30 ℃	25～33 ℃
微獨角仙	25～30 ℃	25～30 ℃	毛大象大兜蟲	22～34 ℃	25～34 ℃
臺灣鹿角金龜	22～30 ℃	25～33 ℃	戰神大兜蟲	22～30 ℃	25～32 ℃
臺灣扇角金龜	22～28 ℃	25～30 ℃	美西（東）白 兜蟲	20～26 ℃	24～28 ℃
綠豔長腳花 金龜	20～26 ℃	25～28 ℃	黑金剛姬兜蟲	22～30 ℃	25～33 ℃
東方白點花 金龜	25～33 ℃	27～35 ℃	托卡塔角金龜	22～30 ℃	25～32 ℃
臺灣鍬形金龜	18～25 ℃	22～28 ℃	歐貝魯角金龜	24～30℃	25～32 ℃
黃豔金龜	22～30 ℃	26～32 ℃	波麗菲夢斯角 金龜	20～30 ℃	25～32 ℃
臺灣青銅金龜	25～33 ℃	26～33 ℃	格雷莉角金龜	22～30 ℃	25～33 ℃
臺北白金龜	24～28 ℃	25～28 ℃	白條綠（紫）角 金龜	22～32 ℃	25～34 ℃

此溫度為兜蟲、植食性金龜可適應的溫度範圍，但應避免以最高溫長期飼養，否則死亡率較高。

飼育材料的選擇與準備

㈠飼育容器、攀爬及防跌樹枝或木片、兜蟲與植食性金龜成蟲食物、果凍皿或盛水果的小碟子等，與鍬形蟲飼育材料的選擇相同（參考右表及第36～39頁）。

㈡飼育用腐植土及木屑：

　1.生木屑：提供兜蟲及植食性金龜成蟲躲藏及保濕。

　2.腐植土：木屑或枯枝落葉添加發酵劑及適當營養添加物多次發酵後形成，可提供兜蟲、植食性金龜成蟲產卵及幼蟲食用。市售產品一般分為下列幾種：使用時可依照飼育目的、需要及兜蟲或植食性金龜的物種作適當選擇。

　⑴基礎土：長過菇類廢棄不用的太空包或菌絲瓶再發酵腐化後製成的腐植土，價格低廉，適合用來布置產卵環境。

　⑵大兜專用土（大兜土）：木屑添加發酵劑及適當營養添加物多次發酵後所形成，營養成分高。

　⑶腐葉土：將樹木的枯枝落葉添加發酵劑及適當營養添加物多次發酵後所形成。

　⑷牛糞土：將基礎土混合適當比例牛糞發酵後製成，營養成分高。

基礎土

大兜土

	幼蟲飼育	成蟲飼養（非繁殖）	成蟲飼育（繁殖）	備　註
飼養容器	★	★	★	依照飼育類別及兜蟲、植食性金龜種類選擇適當容器
生木屑		★		可用種花用培養土或水苔代替
腐植土	◎		◎	商品多，選擇適合者使用
果凍、水果		★	★	每2～3天更換1次
果凍皿、小碟子		◇	◇	依飼養者使用需求及習慣使用
攀爬樹枝		★	★	可至公園或郊外撿拾小樹枝使用
防蟲木蚋紙	◇	◇	◇	建議使用，以維護生活環境品質
灑水噴霧器	◇	◇	◇	記得2～3天要灑水保持飼養環境潮濕喔！
篩網	◇			可購買廚房用的各種孔目大小的篩網使用

符號說明：★：必須使用　◎：依兜蟲、植食性金龜種類需求選用
　　　　　◇：依飼養者使用需求及習慣選用

腐葉土

牛糞土

兜蟲、植食性金龜成蟲的飼育與管理

兜蟲、植食性金龜成蟲飼養（非繁殖）

選擇適當容器

放入水苔或木屑

放入成蟲

每天觀察記錄、2～3天更換食物並灑水（視情況彈性調整）

飼養步驟與鍬形蟲飼養相似（參考第41～44頁），但若飼養大型兜蟲（例如：長戟大兜蟲、毛大象大兜蟲或南洋大兜蟲等）在步驟6要特別注意，因這些大型兜蟲食量大，所以在選購果凍時可選擇大兜專用的果凍（體積容量加大）不然就是要每天觀察補充果凍，避免兜蟲餓肚子，造成壽命減短。

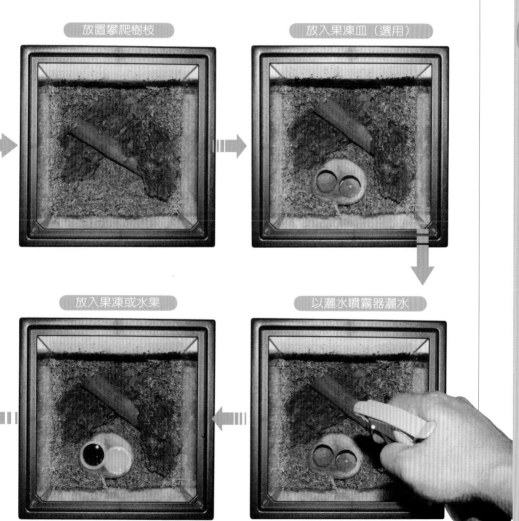

放置攀爬樹枝　　　　放入果凍皿（選用）

放入果凍或水果　　　以灑水噴霧器灑水

兜蟲、植食性金龜成蟲飼養（繁殖）

1 雌雄蟲交配 ➡️ **2** 選擇適當容器 ➡️ **3** 依物種選擇腐植土

⬇️

4 布置產卵環境

5 放入已交配的雌蟲 ⬅️

每天觀察記錄、每2～3天更換食物並灑水(視情況調整)，每隔15～20天挖開腐植土取出卵，布置卵的孵化環境，靜待卵的孵化 ⬅️

兜蟲、植食性金龜的交配

① 兜蟲、植食性金龜的交配方式大致上與鍬形蟲相同，唯一的差別在於兜蟲與植食性金龜很少發生雄蟲夾死雌蟲的問題，因此可將雌雄蟲放在一起3～5天讓牠們自然的配對交配，但部分種類大兜蟲交配時亦有夾死雌蟲的例子，因此建議大兜蟲雌雄蟲放在一起交配時最好也是在觀察下進行。

雌雄蟲配對

繁殖容器的選擇

② 兜蟲與植食性金龜繁殖容器的選擇和鍬形蟲類似，但因為兜蟲的雌蟲體型較為肥胖，所以選擇的容器高度也需要一併考慮，一般建議容器的高度最好有30公分以上較為適合。

選擇適當容器

依物種選擇腐植土

選擇腐植土之基本條件如下表（僅供參考，可依需求混合使用）：

物種 (兜蟲類)	基礎土	大兜土	腐葉土	牛糞土	物 種 (植食金龜類)	基礎土	大兜土	腐葉土	牛糞土
長戟類大兜蟲類	●	★	×	★	臺灣鹿角金龜	×	×	★	×
海神大兜蟲	●	●	×	★	臺灣扇角金龜	●	●	★	●
毛大象大兜蟲類	●	★	×	●	臺北白金龜	★	●	●	●
戰神大兜蟲	●	★	×	●	東方白點金龜	★	●	●	●
亞克提恩大兜蟲	●	★	×	●	臺灣青銅金龜	★	●	●	●
南洋大兜類	★	★	×	●	托卡塔角金龜	●	●	★	●
犀角金龜類	★	●	×	●	歐貝魯角金龜	●	●	★	●
獨角仙類	★	●	●	●	波麗菲夢斯角金龜	★	●	●	●
姬兜蟲類	★	●	●	●	格雷莉角金龜	★	●	●	●
黃五角大兜	●	★	★	●	長臂金龜類	●	★	●	●
兔子小兜	●	★	★	●	白條綠(紫)角金龜	★	●	●	●
豎角兜	●	★	★	●	白頭綠角金龜	★	●	●	●

符號說明：★：建議使用　　●：可以使用　　×：不適合使用

繁殖用腐植土濕度的調配

　　繁殖兜蟲與植食性金龜所使用的腐植土濕度調配方式與繁殖鍬形蟲相似，但有部分特殊種類適合濕度低一點或高一點，將在後述兜蟲、植食性金龜分類個論加以說明。

布置繁殖環境

㈠先放入少許適當濕度的腐植土於容器內（大部分兜蟲與植食性
金龜都可用基礎土布置產卵環境），將腐植土平鋪於容器底部
壓緊（壓緊後可將容器倒置，腐植土不會倒出即可），壓緊後
腐植土厚度約5～10公分厚。重複上述步驟，再鋪放5～10公分
厚腐植土。

鋪放5～10公分腐植土

鋪放5～10公分腐植土

5-10 cm
腐植土壓
實壓緊

再鋪放5～10公分腐植土

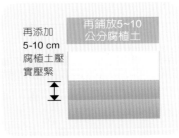

再鋪放5～10公分腐植土

再添加
5-10 cm
腐植土壓
實壓緊

㈡在壓緊實的腐植土上再鋪上部分腐植土輕壓，最後腐植土的高
度約為容器高度的4／5。

鋪放最後一次腐植土

再鋪上腐植土輕壓

約容器高
度的4／5

㈢在腐植土上放置數根攀爬樹枝或木片，提供兜蟲或植食性金龜攀爬，避免其翻倒。

㈣放入果凍皿。

㈤以灑水噴霧器噴濕繁殖環境的表面。

㈥放入昆蟲飼養專用果凍或水果。

㈦放入已交配的兜蟲或植食性金龜雌蟲。

㈧蓋上蓋子並在蓋子上方鋪上防果蠅及木蚋的防蟲紙綁好。

㈨在容器面表貼上標籤，並標明繁殖的兜蟲或植食性金龜名稱、繁殖置入日期，以利日後的飼養記錄與管理。

㈩每2～3天依照環境濕度酌量灑水於繁殖環境表面以保持濕度，並更換果凍或水果。每天觀察記錄，並觀察雌蟲在產卵環境的活動情形（盡量在不干擾的情況下靜靜觀察）。

㈩一雌蟲放入產卵環境15～20天後可倒出腐植土，檢視有無蟲卵，檢視完成之後再依繁殖環境布置的步驟重新布置產卵環境，讓雌蟲繼續產卵。

放入攀爬木

放入果凍皿

以噴霧器灑水

蓋上蓋子並貼上標籤

放入果凍再放入交配完成的雌蟲

繁殖環境中取出卵

　　因兜蟲或植食性金龜雌蟲直接將卵產於腐植土內，為了避免雌蟲鑽入鑽出腐植土產卵時抓破已產下的卵，因此雌蟲放入產卵環境後每隔15～20天最好將卵移出（小型植食性金龜因蟲卵太小，不建議取出卵另外裝置孵化，可等1.5～2個月幼蟲孵化成長後再取出幼蟲），再重新布置新的繁殖環境讓雌蟲繼續產卵。以下為自繁殖環境中取出卵及布置卵孵化用環境的步驟：

1 將繁殖環境中的攀爬樹枝及果凍取出

2 取一大塑膠盆，將繁殖環境整個倒置倒出

3 檢視腐植土，取出雌蟲，並檢視是否有卵

4 選擇適當容器布置卵孵化環境

5 將卵置於孵化環境中，靜待卵的孵化

幼蟲飼養及管理

取出輔助物，倒出繁殖環境

　　雌蟲放入繁殖環境15～20天後，將繁殖環境上方的果凍皿、果凍、水果、攀爬樹枝木片等輔助物取出，若此時看到雌蟲，就先將雌蟲暫時放在適當容器中安置。接著將繁殖環境容器內的腐植土都倒入大塑膠盆內。

取出攀爬木等輔助物

取一大容器將產卵箱倒入

檢視腐植土，取出雌蟲，並檢視是否有卵

　　檢視腐植土尋找兜
蟲或植食性金龜蟲卵的方
法與前述自木屑中取出鍬
形蟲卵或幼蟲方法相似，
但因腐植土顆粒大多較細
緻，經壓緊實後會比較
硬，因此可以每次剝一小
土塊輕輕搓開，若發現有
白色橢圓狀物掉落那就是
蟲卵了。

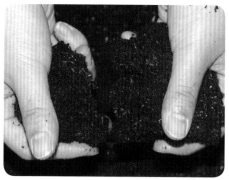

開始尋找蟲卵

選擇適當容器布置卵孵化環境

㈠先選擇好適當容器，裝入適當
　濕度的腐植土並壓緊實（可直
　接使用繁殖環境的腐植土）。

㈡在腐植土上方以竹筷或其他工
　具壓出幾個小凹洞。

㈢用小湯匙（最好先用70%酒精
　消毒過）將蟲卵移至小凹洞內
　（不可直接用手拿取蟲卵）。

取一容器裝土壓實

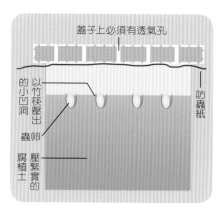

蓋子上必須有透氣孔

以竹筷壓出的小凹洞

防蟲紙

蟲卵

壓緊實的

腐植土

以工具壓出小凹洞

㈣蓋上防蟲紙與蓋子。

㈤若卵有受精發育會逐漸膨大，當卵快孵化時，可在半透明的蟲卵內隱約看見幼蟲的形狀，接著就靜待蟲卵孵化了。

㈥容器上貼上標籤，標明飼養物種、兜蟲或植食性金龜成蟲產地、親代雌雄蟲大小、累代次數、置入卵的日期等，以利將來幼蟲飼養管理。

小心放入蟲卵

蓋上防蟲紙及蓋子

4
5

剛產下的卵呈橢圓形

發育的卵會膨大呈圓形（圖中隱約可見發育完成的幼蟲）

貼上標籤

幼蟲齡期與雌雄的判斷

幼蟲齡期的判別

　　兜蟲或植食性金龜蟲幼蟲自卵孵化後至化蛹期間也是分成三個齡期，其齡期的判別與鍬形蟲相同。

一、二、三齡幼蟲頭寬比較。

不同齡期幼蟲即使體型大小相同，頭寬大小卻明顯不同，可做區別。

同齡期幼蟲即使體型大小相差懸殊，但頭寬還是一樣大小，可做比較。

幼蟲雌雄的判別：

　　兜蟲或植食性金龜幼蟲雌雄的判別需等到幼蟲成長至三齡中期後才比較容易判別。判別方式為：雄幼蟲腹部從腹面末端數起第三節中央有一個小黑點，而雌蟲則無此構造。另外也和鍬形蟲幼蟲一樣可從幼蟲頭部寬度作大略的區分。

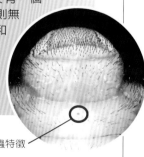

雄蟲特徵

以下為三種不同體型兜蟲或植食性金龜幼蟲頭部寬度的範例，提供飼育者參考：

兜蟲或植食性金龜種類	體型大小	幼蟲頭部寬度		
		一齡期幼蟲	二齡期幼蟲	三齡期幼蟲
青銅金龜	小型	0.5～1.0 mm	1.5～2.5 mm	2.5～3.5 mm
獨角仙	中型	2.0～2.5 mm	4.0～7.0 mm	8.0～12 mm
毛大象大兜蟲	大型	2.5～3.0 mm	5.0～10 mm	12～20 mm

鍬形蟲與兜蟲、植食金龜幼蟲的區分方式

此二類的甲蟲幼蟲均為蠕蟲狀（俗稱雞母蟲），初次飼養甲蟲的飼育者可能不清楚其中的差異，其判別方式可從幼蟲蟲體末端的肛門作區別，若幼蟲的肛門為縱裂，那此幼蟲就是鍬形蟲的幼蟲，而幼蟲的肛門若為橫裂，那就是兜蟲與植食性金龜的幼蟲了。同時有飼養這二類幼蟲的飼育者可比較觀察一下，親自比對一次就可清楚的區分了。

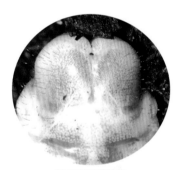
鍬形蟲尾部特寫

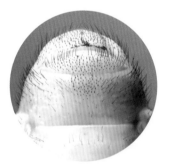
兜蟲尾部特寫

不同品種的幼蟲區分方式

不同品種的幼蟲外部型態一般雖然十分相似，但其尾部末端尾毛的分布情形會有差異，因此可依此特徵加以區分。

幼蟲的飼養與管理

　　購買回來或從孵化環境中取出的幼蟲可先用原來的或孵化環境中的腐植土飼養一段時間（約1週），再更換更大的飼養容器或更適合的食材。兜蟲或植食性金龜幼蟲大多較溫馴，可多隻混養於同一飼養容器中，但必須考量空間是否足夠，若太多隻幼蟲混養於小空間的容器中，仍可能因空間或食物不足而互咬造成死亡。少數兜蟲或植食性金龜的幼蟲生性凶猛（例如：南洋大兜蟲與青銅金龜等），建議分開飼養，避免幼蟲互咬造成傷亡。

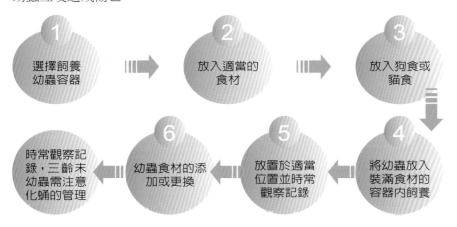

選擇飼養幼蟲容器

　　可依照兜蟲或植食性金龜幼蟲成蟲體長的大小、幼蟲齡期及要混養的隻數選擇適當的飼養容器（容器內容量約為120毫升、1公升、2公升或甚至30公升等）。可參考下表自行選擇適當容器：

體型	兜蟲及植食性金龜種類／成蟲體長		一～二齡幼蟲飼養容器內容量		三齡幼蟲飼養容器內容量	
			單隻飼養	5隻混養	單隻飼養	5隻混養
小型	臺灣青銅金龜	雄成蟲體長：20—35 mm	120mL～250mL	600 mL～1 L	120mL～250mL	600 mL～1 L
		雌成蟲體長：20～35 mm			120mL～250mL	600 mL～1 L

		成蟲體長				
中型	獨角仙	雄成蟲體長: 45~90 mm	120mL~ 600mL	1 L~2 L	600mL~ 1L	3 L~5 L
		雌成蟲體長: 40~55 mm			600mL~ 1L	3 L~5 L
大型	長戟大 兜蟲	雄成蟲體長: 65~150 mm	120mL~ 1 L	2 L~3 L	3 L~5 L	15 L~ 30 L
		雌成蟲體長: 50~75 mm			2 L~3 L	30 L~ 50 L

選擇飼養幼蟲的食材

食材的選擇參考兜蟲、植食性金龜繁殖環境布置時腐植土的選擇參考表（第81頁）。

飼育步驟與鍬形蟲幼蟲飼育的發酵木屑飼育法相似,但有下列幾項需注意:

㈠依照飼養幼蟲數量及物種種類,選擇足夠大小的飼養器。

㈡選擇飼養幼蟲的腐植土時,需依物種需求選擇適當的腐植土,最好使用含營養成分高的大兜蟲專用土、牛糞土或腐葉土等。

選擇適當容器

㈢腐植土濕度調配與鍬形蟲飼育相似,但有部分種類有特別的濕度要求,例如飼養白條綠花金龜時,濕度就要低一點(腐植土乾一點),此部分將於後述兜蟲與植食性金龜分類個論中再加以介紹。

選擇適當食材裝入容器中

㈣可在腐植土內添加適量（依
照飼養物種大小、混養隻數
等可放置1至多顆）的狗食
或貓食，增加幼蟲動物性蛋
白質的攝取。

可添加適量的狗食或貓食

放入幼蟲

蓋上蓋子並貼上標籤

㈤添加或更換腐植土時機與方式：兜蟲、植食性金龜食用腐植土
消化後會排出黑色橢圓形的糞便，且腐植土會逐漸的減少。當
發現飼養容器內腐植土大量減少且糞便數量很多時，可將糞便
清除並添加新的腐植土或全部換新的腐植土。清除糞便時可依
照糞便的顆粒大小選擇適當孔目的篩子（可購買廚房用各種孔
目大小的篩網使用），將用過的腐植土與糞便倒至篩子上篩除
糞便，再添加足夠的腐植土即可。

幼蟲糞便

可用市售篩網清除糞便

兜蟲、植食性金龜化蛹及羽化管理

蛹的頭部、六足變黑，即將羽化

蛹的六足開始活動

下翅晾乾摺疊收於翅鞘內

原本皺縮的下翅藉由體液擠壓而伸展開

翅鞘顏色逐漸變深

完成羽化

㈠兜蟲、植食性金龜化蛹管理：

兜蟲、植食性金龜化蛹管理的方式與鍬形蟲相同（第68～69頁）。

㈡兜蟲羽化過程：

兜蟲羽化過程與鍬形蟲一樣，當發現蛹的眼睛、頭胸部及六足轉成深褐色時，此時兜蟲約會在24小時內羽化。

頭胸角的蛹皮裂開，露出頭、胸角

成蟲藉腹部收縮將蛹皮往下蛻

原本背部向下的新成蟲翻轉成背部向上

蛹皮完全蛻出，左右上翅（翅鞘）靠攏於腹部上方

㈢兜蟲羽化注意要點：

(1)即將羽化或正在羽化的兜蟲非常脆弱，避免晃動或干擾。

(2)兜蟲羽化過程若受到干擾容易發生羽化不全造成畸形甚至死亡。

(3)大型兜蟲體重較重，羽化過程中若是蛹室底部緊貼容器或是使用人工蛹室時，需注意成蟲是否能順利翻轉成背部向上，若是無法順利翻轉成背部向上容易造成羽化不全。

(4)剛羽化完成的兜蟲成蟲其翅鞘仍呈現黃白色且很柔軟，不可去干擾或抓取，待2週以上翅鞘才會變爲成蟲原有顏色並完全變硬。

(5)羽化後兜蟲會先蟄伏於蛹室內一段時間（不同物種蟄伏時間有差異），待其完全成熟後才會挖破蛹室爬出覓食活動，羽化2週後即需時常觀察，注意成蟲是否已經鑽出蛹室活動了。

4

鍬形蟲飼育個論

臺灣產鍬形蟲

● 平頭大鍬形蟲
Dorcus miwai

尾毛

基本小檔案

分布：臺灣全島低至中海拔山區

野外成蟲出現時間：每年5～10月

雄成蟲體長：22～75mm

成蟲趨光性：中

幼蟲期：7～9個月

成蟲壽命：6～24個月

24℃~30℃　20℃~28℃

飼養繁殖
溫度

成蟲　幼蟲

飼養繁殖資訊

成蟲飼養難度：低

繁殖難度：低

備註：
1.大型雄蟲生性凶猛，交配時建議在觀察下進行，避免雄蟲夾死雌蟲。
2.繁殖時需使用產卵木及發酵木屑。
3.幼蟲以菌絲瓶飼養成長良好。

卵

一齡幼蟲

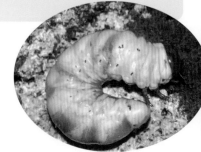

三齡幼蟲

雄蟲

雌蟲

雄蛹

●扁鍬形蟲
Dorcus titanus sika

基本小檔案

分布：臺灣全島平地至中海拔山區

野外成蟲出現時間：每年3～11月

雄成蟲體長：24～75mm

成蟲趨光性：強

幼蟲期：5～9個月

成蟲壽命：6～24個月

飼養繁殖資訊

成蟲飼養難度：低

繁殖難度：低

備註：
1. 作者推薦飼育的臺灣產鍬形蟲入門物種。
2. 成蟲容易取得且容易飼養繁殖，繁殖時需使用產卵木及發酵木屑。
3. 幼蟲以菌絲瓶飼養成長良好。

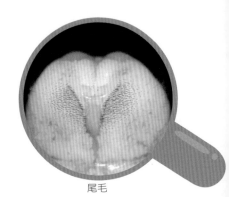

尾毛

24℃~33℃   20℃~30℃

飼養繁殖溫度

成蟲　　　　幼蟲

卵

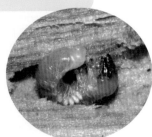

一齡幼蟲

二齡幼蟲

雄蟲

雌蟲

三齡幼蟲

雌蛹

●刀鍬形蟲

Dorcus yamadai

基本小檔案

分布：臺灣全島中海拔山區

野外成蟲出現時間：每年5～9月

成蟲體長：26～63mm

成蟲趨光性：強

幼蟲期：8～16個月

成蟲壽命：4～8個月

尾毛

飼養繁殖資訊

成蟲飼養難度：低

繁殖難度：低

備註：
1. 繁殖時需使用產卵木及發酵木屑，繁殖溫度控制在22℃～25℃效果較佳。
2. 幼蟲以菌絲瓶飼養成長良好。

22℃~28℃　　18℃~26℃

飼養繁殖溫度

成蟲　　　　　　幼蟲

一齡幼蟲

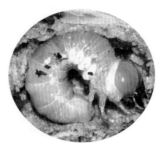

二齡幼蟲

三齡幼蟲

雄蟲

雌蟲

雄蛹

臺灣鏽鍬形蟲
Dorcus taiwanicus

基本小檔案

分布：臺灣全島低至中海拔山區

野外成蟲出現時間：每年4～10月

雄成蟲體長：14～25mm

成蟲趨光性：強

幼蟲期：4～6個月

成蟲壽命：6～12個月

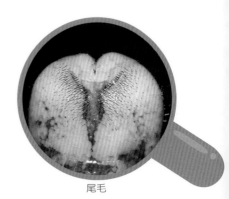

尾毛

飼養繁殖資訊

成蟲飼養難度：低

繁殖難度：低

備註：
1. 繁殖時需使用產卵木及發酵木屑。
2. 卵及剛孵化的幼蟲很小，建議布置好產卵環境2個月後再檢視取出幼蟲。
3. 幼蟲以添加營養劑的發酵木屑飼養成長良好。

24℃~32℃   22℃~28℃

飼養繁殖溫度

成蟲   幼蟲

卵

二齡幼蟲

三齡幼蟲

雄蟲

雌蟲

配對

●兩點鋸鍬形蟲

Prosopocoilus astacoides blanchardi

基本小檔案

分布：臺灣全島低至中海拔山區

野外成蟲出現時間：每年5～9月

雄成蟲體長：25～72mm

成蟲趨光性：強

幼蟲期：6～8個月

成蟲壽命：3～6個月

飼養繁殖資訊

成蟲飼養難度：低

繁殖難度：低

備註：
1. 成蟲容易取得且容易飼養繁殖，繁殖時需使用發酵木屑，搭配產卵木布置產卵床效果更佳。
2. 卵及剛孵化的幼蟲很小，建議布置好產卵環境2個月後再檢視取出幼蟲。
3. 幼蟲以添加營養劑的發酵木屑飼養成長良好。

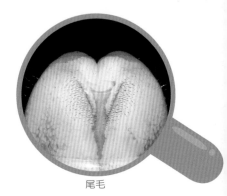

尾毛

24℃~32℃ 22℃~30℃

飼養繁殖溫度

成蟲　　　幼蟲

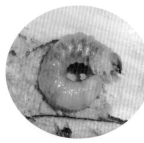

卵　　　　　　　一齡幼蟲

雄蟲

雌蟲

二齡幼蟲

三齡幼蟲

高砂鋸鍬形蟲

Prosopocoilus motschulskii

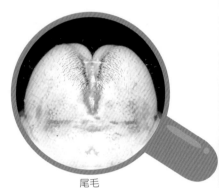

尾毛

25℃~33℃　　23℃~30℃

飼養繁殖
溫度

成蟲　　　　　　　幼蟲

卵

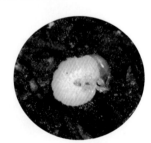

一齡幼蟲

二齡幼蟲

雄蟲

雌蟲

雄蛹

三齡幼蟲

雌蛹

●雞冠細身赤鍬形蟲
Cyclommatus mniszechi

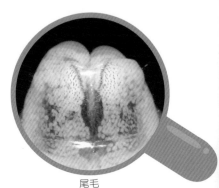

尾毛

基本小檔案

分布：臺灣北部低海拔山區

野外成蟲出現時間：每年5～9月

成蟲體長：28～58mm

成蟲趨光性：中

幼蟲期：4～7個月

成蟲壽命：3～5個月

飼養繁殖資訊

成蟲飼養難度：中

繁殖難度：低

備註：
1. 繁殖時不需準備產卵木，只需將適當濕度的發酵木屑壓緊實即可，建議布置好產卵環境1.5個月後再挖出幼蟲。
2. 幼蟲以添加營養劑的發酵木屑飼養成長良好，人工飼養幼蟲期短，且容易飼養出大型個體。

24℃~33℃　　20℃~30℃

飼養繁殖溫度

成蟲　　　　　　　幼蟲

卵

一齡幼蟲

二齡幼蟲

雄蟲

雌蟲

三齡幼蟲

雄蛹

● 鬼豔鍬形蟲

Odontolabis siva parryi

分布：臺灣全島低至中海拔山區

野外成蟲出現時間：每年6～10月

雄成蟲體長：45～95mm

成蟲趨光性：中

幼蟲期：8～18個月

成蟲壽命：3～6個月

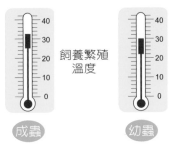

尾毛

25℃~33℃　22℃~30℃

飼養繁殖溫度

成蟲　　　幼蟲

飼養繁殖資訊

成蟲飼養難度：低

繁殖難度：低

備註：
1. 雄成蟲生性凶猛，交配時最好在觀察下進行，避免雄蟲夾死雌蟲。
2. 繁殖時不需準備產卵木，只需用基礎土或多次發酵木屑當產卵床壓緊實即可。
3. 幼蟲飼養可將基礎土和發酵木屑以1:1的比例混合並埋入少許產卵木木塊飼養。

卵

一齡幼蟲

二齡幼蟲

雄蟲

雌蟲

三齡幼蟲

●高砂深山鍬形蟲

Lucanus maculifemoratus taiwanus

基本小檔案

分布：臺灣全島中至高海拔山區

野外成蟲出現時間：每年4～8月

成蟲體長：40～87mm

成蟲趨光性：強

幼蟲期：9～18個月

成蟲壽命：2～4個月

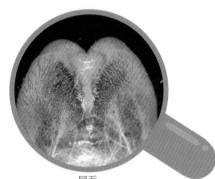

尾毛

飼養繁殖資訊

成蟲飼養難度：中

繁殖難度：高

22℃~28℃　　18℃~25℃

飼養繁殖
溫度

成蟲　　　　　幼蟲

備註：
1.成蟲不耐高溫，飼養於臺灣
　夏季平地室溫壽命短，幼蟲
　飼養溫度需低於25℃，否則
　死亡率高。
2.特殊繁殖要點：
　①不需產卵木。
　②溫度控制：18℃～22℃。
　③產卵木屑：細顆粒多次發
　　酵木屑（例如：微粒子
　　發酵木屑）與腐葉土
　　約以1:1比例混合。
　④產卵木屑濕度要高一
　　點。

卵

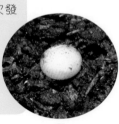

一齡幼蟲

雄蟲

雌蟲

二齡幼蟲

三齡幼蟲

菲律賓肥角鍬形蟲

Aegus philippinensis

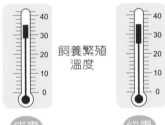

尾毛

基本小檔案

分布：臺灣南部（高雄縣、屏東縣）低海拔郊區及山區

野外成蟲出現時間：每年4～10月

雄成蟲體長：15～32mm

成蟲趨光性：中

幼蟲期：3～4個月

成蟲壽命：4～12個月

飼養繁殖資訊

成蟲飼養難度：低

繁殖難度：低

28℃~35℃　　25℃~35℃

飼養繁殖
溫度

成蟲　　　幼蟲

備註：
1.容易飼養繁殖，不需產卵木，可使用基礎土或多次發酵木屑為產卵床。
2.卵及剛孵化的一齡幼蟲很小，建議布置好產卵環境2個月後再挖出幼蟲。
3.幼蟲以基礎土或發酵木屑飼養成長良好。
4.原產地不包含臺灣，屬於外來入侵種，目前於臺灣南部已建立穩定族群。

卵

一齡幼蟲

二齡幼蟲

雄蟲

三齡幼蟲

雌蟲

外國產鍬形蟲

●中國大鍬形蟲
Dorcus hopei hopei

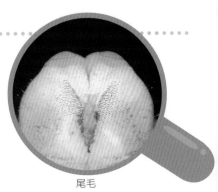

尾毛

基本小檔案

分布：中國

雄成蟲體長：25～82mm

幼蟲期：8～14個月

成蟲壽命：6～24個月

飼養繁殖資訊

成蟲飼養難度：低

繁殖難度：低

24℃~30℃　18℃~28℃

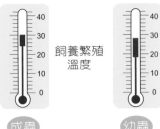

飼養繁殖
溫度

成蟲　　　幼蟲

備註：
1.作者推薦飼育的外國產鍬形蟲入門物種。
2.成蟲壽命長，新羽化的成蟲不必急著繁殖，可讓雌雄蟲過冬完全成熟
　後，隔年再進行交配繁殖，如此，雌蟲壽命可較長且產卵量亦較多。
3.繁殖時需使用產卵木（中至硬產卵木）及發酵木屑。
4.幼蟲以菌絲瓶飼養較易飼養出大型個體。

卵

一齡幼蟲

二齡幼蟲

雄蟲

雌蟲

三齡幼蟲

蛹

●安達佑實大鍬形蟲

Dorcus antaeus

基本小檔案

分布：中國、越南、寮國、馬來西亞、泰國、緬甸、印度、尼泊爾

雄成蟲體長：26～88mm

幼蟲期：8～14個月

成蟲壽命：6～24個月

飼養繁殖資訊

成蟲飼養難度：低

繁殖難度：低

備註：
1. 成蟲壽命長，新羽化的成蟲不必急著繁殖，可讓雌雄蟲過冬完全成熟後，隔年再進行交配繁殖，如此，雌蟲壽命可較長且產卵量亦較多。
2. 繁殖時需使用產卵木（中等硬度產卵木）及發酵木屑。
3. 幼蟲以菌絲瓶飼養較易飼養出大型個體。

尾毛

22℃~30℃　　18℃~28℃

飼養繁殖溫度

成蟲　　　　　幼蟲

卵

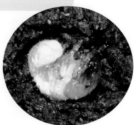

一齡幼蟲

二齡幼蟲

雄蟲

雌蟲

配對

三齡幼蟲

雄蛹

●蘇拉維西大扁鍬形蟲

Dorcus titanus titanus

基本小檔案

分布：印尼（蘇拉維西島）

雄成蟲體長：40～99mm

幼蟲期：8～14個月

成蟲壽命：6～24個月

飼養繁殖資訊

成蟲飼養難度：低

繁殖難度：低

備註：
1. 雄成蟲生性凶猛，交配時最好在觀察下進行，避免雄蟲夾死雌蟲，繁殖時需使用產卵木（中至硬產卵木）及發酵木屑。
2. 幼蟲以菌絲瓶飼養較易飼養出大型個體。

尾毛

24℃~32℃　　20℃~28℃

飼養繁殖溫度

成蟲　　　　　幼蟲

卵

一齡幼蟲

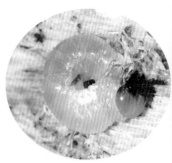

二齡幼蟲

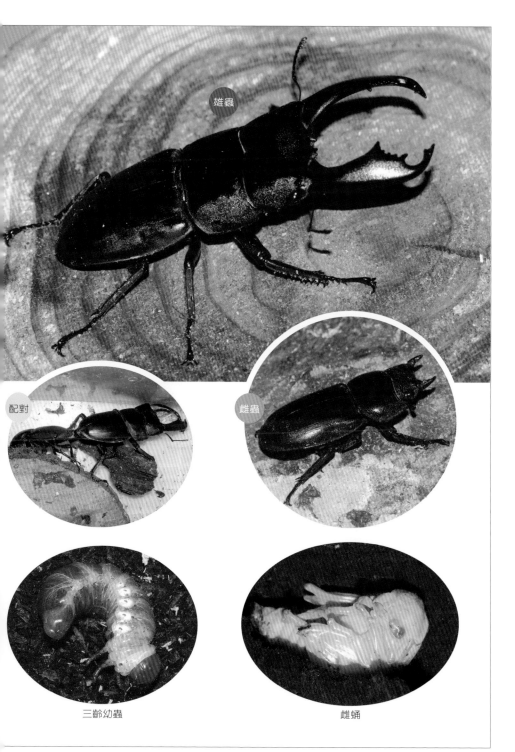

雄蟲

配對

雌蟲

三齡幼蟲

雌蛹

巴拉望大扁鍬形蟲

Dorcus titanus palawanicus

尾毛

24℃~32℃　20℃~28℃

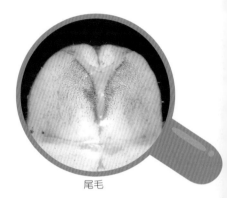

飼養繁殖溫度

成蟲　幼蟲

一齡幼蟲

二齡幼蟲

三齡幼蟲

雄蟲

雌蟲

雄蛹

●美他利佛細身赤鍬形蟲

Cyclommatus metallifer

基本小檔案

分布：印尼

雄成蟲體長：35～95mm

幼蟲期：3～6個月

成蟲壽命：2～4個月

飼養繁殖資訊

成蟲飼養難度：低

繁殖難度：低

備註：
1. 成蟲壽命短，宜儘速交配後繁殖，繁殖時需使用發酵木屑，搭配產卵木布置產卵床效果更佳。
2. 卵及剛孵化的一齡幼蟲很小，建議布置好產卵環境2個月後再挖出幼蟲。
3. 幼蟲以添加營養劑的發酵木屑飼養成長較佳。

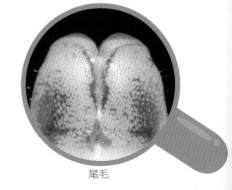

尾毛

24℃~30℃　　18℃~28℃

飼養繁殖溫度

 成蟲　　 幼蟲

一齡幼蟲

二齡幼蟲

三齡幼蟲

雄蟲

雄蛹

雌蟲

●橘背叉角鍬形蟲

Hexarthrius parryi

基本小檔案

分布：印尼

雄成蟲體長：40～88mm

幼蟲期：8～10個月

成蟲壽命：4～8個月

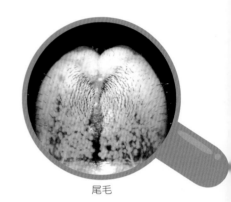
尾毛

飼養繁殖資訊

成蟲飼養難度：低

繁殖難度：低

備註：
1. 雄成蟲生性凶猛，交配時最好在觀察下進行，避免雄蟲夾死雌蟲。
2. 繁殖時需使用產卵木（中等硬度產卵木）及發酵木屑。
3. 幼蟲以菌絲瓶或添加營養劑的發酵木屑飼養成長良好。

22℃~30℃　　22℃~30℃

飼養繁殖溫度

成蟲　　幼蟲

卵

一齡幼蟲

二齡幼蟲

雄蟲

雌蟲

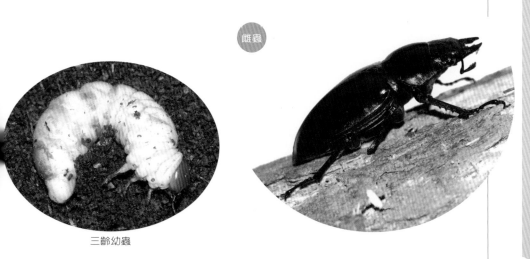

三齡幼蟲

●長頸鹿鋸鍬形蟲

Prosopocoilus giraffa keisukei

基本小檔案

分布：印尼

雄成蟲體長：43～117mm

幼蟲期：8～10個月

成蟲壽命：4～10個月

飼養繁殖資訊

成蟲飼養難度：低

繁殖難度：低

備註：
1. 作者推薦飼育的外國產鍬形蟲進階物種。
2. 雄成蟲生性凶猛，交配時最好在觀察下進行，避免雄蟲夾死雌蟲。
3. 繁殖時需使用產卵木（軟至中等硬度產卵木）及發酵木屑。
4. 幼蟲以菌絲瓶或添加營養劑的發酵木屑飼養成長良好。

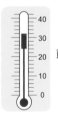

尾毛

24°C~32°C 22°C~28°C

飼養繁殖溫度

 成蟲   幼蟲

一齡幼蟲

三齡幼蟲

雌蛹

雄蟲

雌蟲

雄蛹

●孔夫子鋸鍬形蟲

Prosopocoilus confucius

基本小檔案

分布：中國

雄成蟲體長：45～100mm

幼蟲期：6～9個月

成蟲壽命：4～10個月

飼養繁殖資訊

成蟲飼養難度：低

繁殖難度：低

備註：
1. 大型雄蟲生性凶猛，交配時最好在觀察下進行，避免雄蟲夾死雌蟲。
2. 繁殖時需使用產卵木（軟至中等硬度產卵木）及發酵木屑。
3. 幼蟲以菌絲瓶或添加營養劑的發酵木屑飼養成長良好。

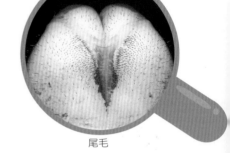

尾毛

24°C~32°C 22°C~28°C

飼養繁殖溫度

 成蟲

 幼蟲

卵

一齡幼蟲

二齡幼蟲

雄蟲

配對

雌蟲

三齡幼蟲

●華勒斯鋸鍬形蟲

Prosopocoilus wallacei

基本小檔案

分布：印尼

雄成蟲體長：38～74mm

幼蟲期：6～10個月

成蟲壽命：4～8個月

飼養繁殖資訊

成蟲飼養難度：低

繁殖難度：低

備註：
1. 雄蟲生性凶猛，交配時建議在觀察下進行，避免雄蟲夾死雌蟲。
2. 繁殖時需使用產卵木（軟至中等硬度產卵木）及發酵木屑。
3. 幼蟲以菌絲瓶或添加營養劑的發酵木屑飼養成長良好。

尾毛

24℃~32℃　　22℃~28℃

飼養繁殖溫度

成蟲　　幼蟲

卵

一齡幼蟲

三齡幼蟲

雄蟲

雌蟲

雄蛹

●彩虹鍬形蟲

Phalacrognathus muelleri

基本小檔案

分布：澳洲

雄成蟲體長：32～66mm

幼蟲期：6～8個月

成蟲壽命：4～12個月

飼養繁殖資訊

成蟲飼養難度：低

繁殖難度：低

備註：
1. 成蟲羽化後蟄伏期約需2～4個月，不必急著繁殖，待雌雄蟲均已成熟再交配繁殖，如此成蟲壽命可較長，雌蟲產卵量亦較多。
2. 繁殖時可以不用產卵木（若要使用，則需選擇軟的產卵木），只要把繁殖環境內的發酵木屑壓緊實即可。
3. 卵及剛孵化的一齡幼蟲很小，建議布置好產卵環境2個月後再挖出幼蟲。

尾毛

24℃~30℃ 18℃~28℃

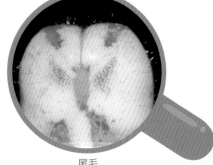

飼養繁殖溫度

成蟲　　　　幼蟲

卵

一齡幼蟲

二齡幼蟲

三齡幼蟲

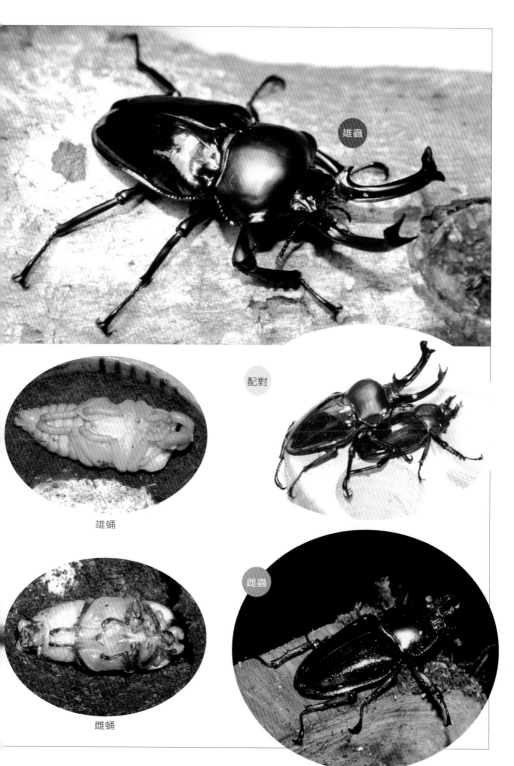

雄蟲

配對

雄蛹

雌蛹

雌蟲

●印尼金鍬形蟲
Lamprima adolphinae

尾毛

基本小檔案

分布：印尼

雄成蟲體長：22～53mm

幼蟲期：3～6個月

成蟲壽命：2～6個月

飼養繁殖資訊

成蟲飼養難度：低

繁殖難度：低

備註：
1. 成蟲壽命短，宜儘速交配後繁殖。
2. 繁殖時可以不用產卵木（若要使用，則需選擇軟的產卵木），只要把繁殖環境內的發酵木屑壓緊實即可。
3. 卵及剛孵化的一齡幼蟲很小，建議布置好產卵環境2個月後再挖出幼蟲。

24°C~32°C　　22°C~28°C

飼養繁殖溫度

成蟲　　　　　幼蟲

卵

一齡幼蟲

三齡幼蟲

雄蟲

雄蛹

配對

雌蛹

雌蟲

●澳洲花鍬形蟲
Rhyssonotus nebulosus

基本小檔案

分布：澳洲

雄成蟲體長：30～50mm

幼蟲期：6～8個月

成蟲壽命：3～6個月

飼養繁殖資訊

成蟲飼養難度：低

繁殖難度：低

備註：
1. 成蟲壽命短，宜儘速交配後繁殖，繁殖時需使用發酵木屑及軟的產卵木布置產卵床。
2. 卵及剛孵化的一齡幼蟲很小，建議布置好產卵環境2個月後再挖出幼蟲，幼蟲以添加營養劑的發酵木屑飼養成長良好。

尾毛

24℃~30℃　　22℃~30℃

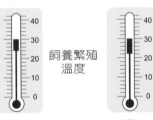

飼養繁殖溫度

 成蟲　　 幼蟲

卵

一齡幼蟲

三齡幼蟲

雄蟲

配對

雌蟲

雌蛹

黃邊鬼豔鍬形蟲

Odontolabis cuvera

基本小檔案

分布：中國、越南、泰國、寮國、
緬甸、印度、尼泊爾

雄成蟲體長：45～82mm

幼蟲期：8～18個月

成蟲壽命：4～8個月

飼養繁殖資訊

成蟲飼養難度：中

繁殖難度：高

備註：
1. 大型雄蟲生性凶猛，交配時建議在觀察下進行，避免雄蟲夾死雌蟲。
2. 繁殖時不需準備產卵木，只需用基礎土或多次發酵木屑當產卵床壓緊即可。
3. 幼蟲飼養可將基礎土和發酵木屑以1:1的比例混合並埋入少許產卵木木塊飼養較佳。

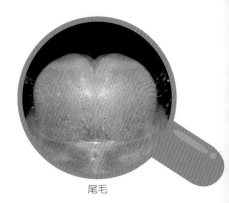

尾毛

24℃~30℃　22℃~28℃

飼養繁殖
溫度

成蟲　　　　幼蟲

卵

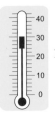

二齡幼蟲

三齡幼蟲

雄蟲

雌蟲

配對

5

兜蟲與植食性金龜飼育個論

臺灣產兜蟲與植食性金龜

獨角仙
Allomyrina dichotoma tunobosonis

基本小檔案

分布：臺灣全島低至中海拔山區

野外成蟲出現時間：每年5～8月

雄成蟲體長：40～90mm

成蟲趨光性：強

幼蟲期：7～9個月

成蟲壽命：2～4個月

飼養繁殖資訊

成蟲飼養難度：低

繁殖難度：低

備註：
1. 作者推薦飼育的臺灣產兜蟲入門物種。
2. 成蟲容易取得且容易飼養繁殖，繁殖時以基礎土為產卵床，幼蟲以基礎土飼養即容易飼養出中型以上個體。

尾毛

25°C~33°C　24°C~32°C

飼養繁殖溫度

成蟲　　幼蟲

卵

二齡幼蟲

三齡幼蟲

雄蟲

配對

雄蛹

雌蟲

雌蛹

●蘭嶼姬兜蟲
Xylotrupes gideon kaszabi

基本小檔案

分布：臺灣（蘭嶼全島）

野外成蟲出現時間：每年5～9月

雄成蟲體長：35～70mm

成蟲趨光性：強

幼蟲期：7～9個月

成蟲壽命：2～5個月

尾毛

飼養繁殖資訊

成蟲飼養難度：低

繁殖難度：低

備註：
容易飼養繁殖，繁殖時以基礎土為產卵床，幼蟲以基礎土飼養即容易飼養出中型以上個體。

25℃~33℃　　24℃~32℃

飼養繁殖
溫度

成蟲　　　　　幼蟲

卵

一齡幼蟲

二齡幼蟲

雄蟲

雌蟲

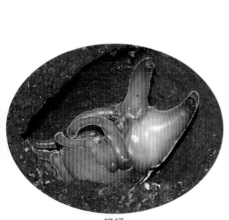

雄蛹

犀角金龜

Oryctes rhinoceros

基本小檔案

分布：臺灣本島東部及南部平地
　　　至低海拔山區，蘭嶼全島

野外成蟲出現時間：每年4～8月

成蟲體長：35～55mm

成蟲趨光性：強

幼蟲期：6～8個月

成蟲壽命：4～6個月

飼養繁殖資訊

成蟲飼養難度：低

繁殖難度：低

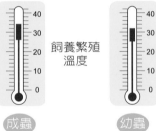

尾毛

26°C~34°C　25°C~32°C

飼養繁殖
溫度

成蟲　　　幼蟲

備註：
繁殖及幼蟲飼養時可用基礎土為產卵床或飼養，在野外幼蟲大多取食椰子樹心，若是在椰子樹中採集的野生幼蟲，建議飼養時在腐植土中添加椰子樹心纖維，否則幼蟲會適應不良而造成死亡。

卵

二齡幼蟲

三齡幼蟲

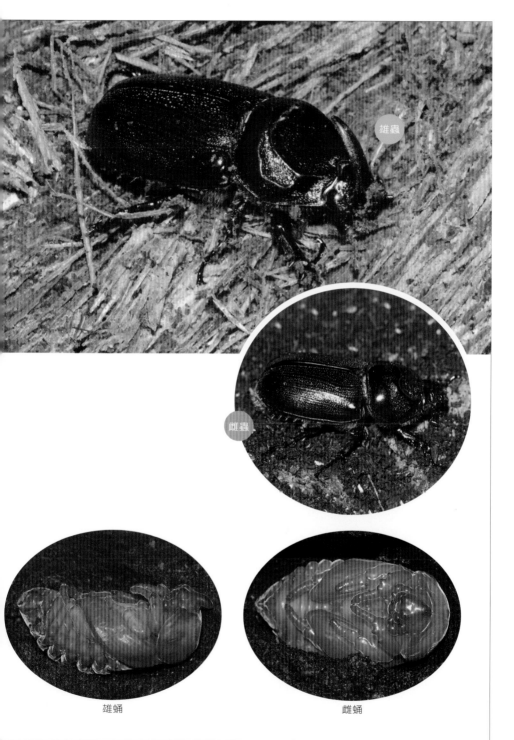

雄蟲

雌蟲

雄蛹　　　　　　　　　雌蛹

●東方白點花金龜

Protaetia orientalis sakaii

基本小檔案

分布：臺灣本島低海拔市區、
　　　郊區及山區

野外成蟲出現時間：每年4～12月

成蟲體長：20～25mm

成蟲趨光性：無

幼蟲期：3～4個月

成蟲壽命：4～6個月

飼養繁殖資訊

成蟲飼養難度：低

繁殖難度：低

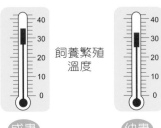

尾毛

27℃~35℃　　25℃~33℃

飼養繁殖
溫度

成蟲　　　　　　幼蟲

備註：

1. 作者推薦飼育的臺灣產植食性金龜入門物種。

2. 成蟲飛行及繁殖能力強，更換食物時要小心預防成蟲飛走。

3. 繁殖及幼蟲飼養時可用各種腐植土為產卵床或飼養，繁殖飼養時腐植土
　濕度需低一點。

卵

一齡幼蟲

二齡幼蟲

配對

土繭

蟄伏

三齡幼蟲

蛹

●臺灣青銅金龜
Anomala expansa expansa

基本小檔案

分布：臺灣全島低至中海拔山區

野外成蟲出現時間：每年4～8月

雄成蟲體長：22～38mm

成蟲趨光性：強

幼蟲期：7～8個月

成蟲壽命：2～4個月

飼養繁殖資訊

成蟲飼養難度：低

繁殖難度：低

備註：
1. 繁殖及幼蟲飼養時可用各種腐植土為產卵床或飼養。
2. 二、三齡幼蟲生性凶猛，建議分開單獨飼養，避免高密度飼養以免互食。

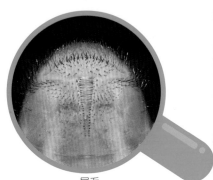

尾毛

26℃~33℃   25℃~33℃

飼養繁殖溫度

成蟲   幼蟲

卵

一齡幼蟲

二齡幼蟲

雄蟲

雌蟲

蛹

三齡幼蟲

●臺北白金龜
Cyphochilus crataceus taipeiensis

基本小檔案

分布：臺灣本島北部低至中海拔
　　　山區

野外成蟲出現時間：每年4～6月

成蟲體長：18～24mm

成蟲趨光性：中

幼蟲期：6～8個月

成蟲壽命：1～3個月

飼養繁殖資訊

成蟲飼養難度：中

繁殖難度：中

備註：
成蟲壽命短，宜儘速讓雌雄蟲交
配後繁殖，繁殖及幼蟲飼養時以
基礎土加腐葉土為產卵床或飼養
較佳。

尾毛

25°C~28°C　24°C~28°C

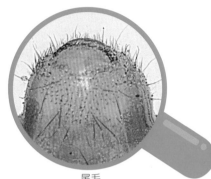

飼養繁殖
溫度

成蟲　　幼蟲

卵

二齡幼蟲

三齡幼蟲

雄蟲

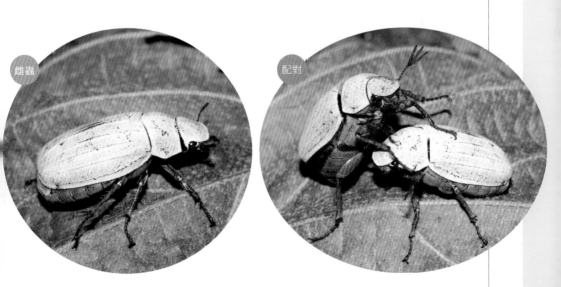

雌蟲

配對

外國產兜蟲與植食性金龜

赫克力士長戟大兜蟲
Dynastes hercules hercules

基本小檔案

分布：南美洲法屬德羅普群島及
多米尼克聯邦

雄成蟲體長：46～178mm

幼蟲期：14～20個月

成蟲壽命：4～8個月

飼養繁殖資訊

成蟲飼養難度：低

繁殖難度：中

備註：
1. 體型巨大，大型雄蟲生性凶
   猛，交配時建議在觀察下進
   行，避免雄蟲夾死雌蟲。
2. 飼育或繁殖時需使用大的容
   器，繁殖及幼蟲飼養時以大兜
   土為產卵床或飼養較佳。

尾毛

24℃~28℃   20℃~26℃

飼養繁殖
溫度

 成蟲   幼蟲

卵

一齡幼蟲

二齡幼蟲

雄蟲

雌蟲

雄蛹

三齡幼蟲

雌蛹

毛大象大兜蟲

Megasoma elephas elephas

基本小檔案

分布：墨西哥、瓜地馬拉、宏都拉斯、尼加拉瓜、哥斯大黎加、貝里斯及巴拿馬

雄成蟲體長：50～125mm

幼蟲期：18～30個月

成蟲壽命：4～6個月

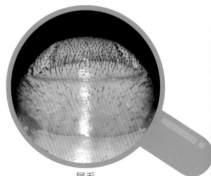

尾毛

飼養繁殖資訊

成蟲飼養難度：低

繁殖難度：低

備註：
1. 作者推薦飼育的外國產兜蟲進階物種。
2. 體型巨大，大型雄蟲生性凶猛，交配時建議在觀察下進行，避免雄蟲夾死雌蟲。
3. 飼育或繁殖時需使用大的容器，繁殖或幼蟲飼養時可用各種腐植土為產卵床或飼養。

25℃~34℃　22℃~34℃

 飼養繁殖溫度

 成蟲　 幼蟲

卵

一齡幼蟲

二齡幼蟲

三齡幼蟲

雄蟲

配對

雄蛹

雌蟲

雌蛹

高卡薩斯南洋大兜蟲

Chalcosma caucasus

基本小檔案

分布：馬來西亞、泰國、印尼

雄成蟲體長：45～130mm

幼蟲期：12～18個月

成蟲壽命：4～8個月

飼養繁殖資訊

成蟲飼養難度：低

繁殖難度：低

備註：

1. 雄蟲生性凶猛，交配時建議在觀察下進行，避免雄蟲夾死雌蟲。
2. 繁殖及幼蟲飼養時可用各種腐植土為產卵床或飼養。
3. 二、三齡幼蟲生性凶猛，有互咬的情形，建議分開飼養。

尾毛

24°C~32°C　22°C~30°C

飼養繁殖溫度

成蟲　　　　幼蟲

卵

一齡幼蟲

二齡幼蟲

雄蟲

雌蟲

三齡幼蟲

黃五角大兜蟲

Eupatorus gracilicornis

基本小檔案

分布：泰國

雄成蟲體長：45～90mm

幼蟲期：12～18個月

成蟲壽命：約2～4個月

飼養繁殖資訊

成蟲飼養難度：中

繁殖難度：低

備註：
繁殖或幼蟲飼養需使用含竹葉之腐葉土，可將基礎土與剪碎的竹葉以1:1比例混合發酵後使用，可提高雌蟲產卵量且幼蟲飼養存活成功率亦較高。

尾毛

25℃~33℃　　22℃~30℃

飼養繁殖溫度

成蟲　　幼蟲

卵

二齡幼蟲

三齡幼蟲

雄蟲

配對

雌蟲

●美東白兜蟲
Dynastes tityus

基本小檔案

分布：美國南部

雄成蟲體長：30～70mm

幼蟲期：16～20個月

成蟲壽命：2～6個月

尾毛

飼養繁殖資訊

成蟲飼養難度：中

繁殖難度：中

備註：
1. 成蟲飼養於臺灣夏季室溫壽命短，幼蟲飼養溫度需控制在26℃以下。
2. 成蟲壽命不長，宜儘速交配後繁殖，繁殖溫度控制在22～25℃時較佳，繁殖及幼蟲飼養時可用各種腐植土為產卵床或飼養。

24℃~28℃　　20℃~26℃

 飼養繁殖溫度

成蟲　　　　幼蟲

卵

一齡幼蟲

二齡幼蟲

雄蟲

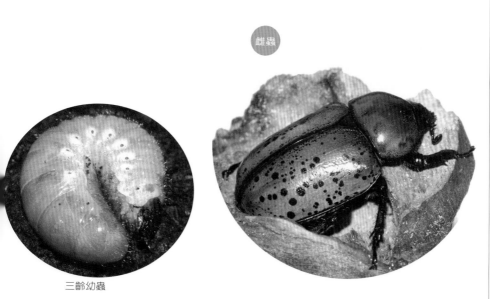
雌蟲

三齡幼蟲

●黑金剛姬兜蟲

Xylotrupes gideon sumatrensis

基本小檔案

分布：印尼、馬來西亞

雄成蟲體長：35～65mm

幼蟲期：8～10個月

成蟲壽命：4～6個月

飼養繁殖資訊

成蟲飼養難度：低

繁殖難度：低

備註：
1.作者推薦飼育的外國產兜蟲入門物種。
2.容易飼養繁殖。
3.以基礎土即容易飼養出中型以上個體。

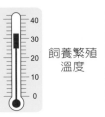

尾毛

25℃~33℃　　22℃~30℃

飼養繁殖溫度

成蟲　　　　　　幼蟲

卵

二齡幼蟲

三齡幼蟲

雄蟲

雌蟲

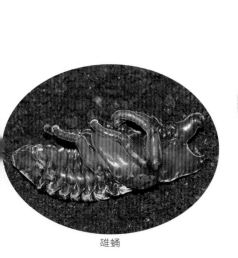
雄蛹

●布雷威格小兜蟲
Scapanes australis brevicornis

基本小檔案

分布：印尼西伊利安

雄成蟲體長：25～50mm

幼蟲期：8～10個月

成蟲壽命：2～4個月

飼養繁殖資訊

成蟲飼養難度：低

繁殖難度：低

備註：
1. 繁殖時可用各種腐植土為產卵床。
2. 幼蟲以大兜土或牛糞土飼養成長較佳。

尾毛

24°C~32°C　　24°C~28°C

飼養繁殖溫度

成蟲　　　　　　　幼蟲

卵　　　　　　一齡幼蟲

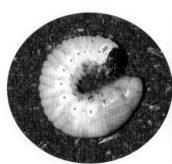

二齡幼蟲

雄蟲

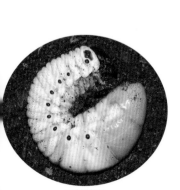

三齡幼蟲

雌蟲

●波麗菲夢斯角金龜
Mecynorhina polyphemus

基本小檔案

分布：非洲象牙海岸、薩伊、剛
果及加蓬共和國

雄成蟲體長：40～70mm

幼蟲期：8～12個月

成蟲壽命：4～6個月

飼養繁殖資訊

成蟲飼養難度：低

繁殖難度：低

備註：
1.繁殖及幼蟲飼養時可用各種腐
　植土為產卵床或飼養，幼蟲飼
　養及成蟲繁殖時腐植土濕度需
　低一點，卵及剛孵化的幼蟲很
　小，建議布置好產卵環境2個
　月後再檢視取出幼蟲。
2.成蟲飛行及繁殖能力強，注意
　防範成蟲飛走，避免造成外來
　種引起的生態危機。

尾毛

25°C～32°C　20°C～30°C

飼養繁殖
溫度

成蟲　　幼蟲

卵

二齡幼蟲

三齡幼蟲

雄蟲

雌蟲

雌蛹

●白條綠角金龜

Dicronorhina derbyana derbyana

基本小檔案

分布：非洲坦尚尼亞、莫桑比克、馬拉威、尚比亞、薩伊及加蓬共和國

雄成蟲體長：30～50mm

幼蟲期：6～8個月

成蟲壽命：2～6個月

飼養繁殖資訊

成蟲飼養難度：低

繁殖難度：低

備註：
1. 作者推薦飼育的外國產植食性金龜入門物種。
2. 繁殖及幼蟲飼養時可用各種腐植土為產卵床或飼養，幼蟲飼養及成蟲繁殖時腐植土濕度需低一點，卵及剛孵化的幼蟲很小，建議布置好產卵環境2個月後再檢視取出幼蟲。
3. 成蟲飛行及繁殖能力強，小心防範成蟲飛走，避免造成外來種引起的生態危機。

尾毛

25°C~34°C　22°C~32°C

飼養繁殖溫度

 成蟲　　 幼蟲

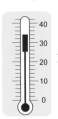

卵

一齡幼蟲

雄蟲

雌蟲

蛹

二齡幼蟲

三齡幼蟲

●格雷莉角金龜
Eudicella gralli gralli

基本小檔案

分布：非洲坦尚尼亞

雄成蟲體長：30～50mm

幼蟲期：6～8個月

成蟲壽命：2～6個月

飼養繁殖資訊

成蟲飼養難度：低

繁殖難度：低

備註：
1. 繁殖及幼蟲飼養時可用各種腐植土為產卵床或飼養，幼蟲飼養及成蟲繁殖時腐植土濕度需低一點，卵及剛孵化的幼蟲很小，建議布置好產卵環境2個月後再檢視取出幼蟲。
2. 成蟲飛行及繁殖能力強，注意防範成蟲飛走，避免造成外來種引起的生態危機。

尾毛

25℃~33℃　22℃~30℃

　飼養繁殖溫度　

成蟲　　　　　幼蟲

一齡幼蟲

二齡幼蟲

三齡幼蟲

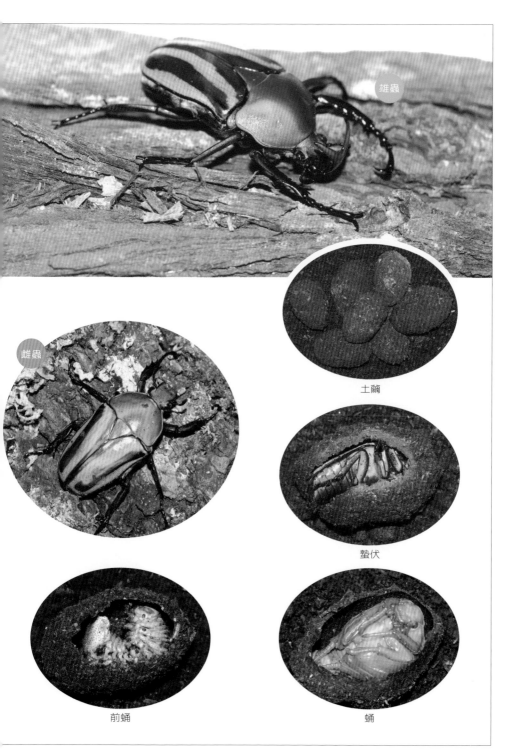

雄蟲

雌蟲

土繭

蟄伏

前蛹

蛹

姬長臂金龜

Propomacrus bimucronatus

基本小檔案

分布：土耳其

雄成蟲體長：28～52mm

幼蟲期：6～8個月

成蟲壽命：2～6個月

飼養繁殖資訊

成蟲飼養難度：低

繁殖難度：低

備註：
1. 卵及剛孵化的幼蟲很小，建議布置好產卵環境1～2個月後再檢視取出幼蟲，繁殖及幼蟲飼養時可以各種腐植土為產卵床或飼養。
2. 幼蟲以大兜土或牛糞土飼養成長較佳。

尾毛

24℃~30℃　　20℃~28℃

飼養繁殖溫度

成蟲　　　　幼蟲

卵

一齡幼蟲

二齡幼蟲

雄蟲

配對

三齡幼蟲

雌蟲

鍬形蟲飼育簡述

細角大鍬形蟲　*Dorcus gracilicornis*

- 分　　布：臺灣全島中至高海拔山區。
- 飼養資訊：參考平頭大鍬形蟲飼養繁殖法（p.96）。
- 雄成蟲體長：20～50mm。

20℃~28℃　18℃~25℃

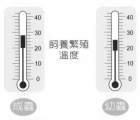

飼養繁殖溫度

成蟲　　幼蟲

- 備註：幼蟲以菌絲瓶飼養死亡率高，建議用添加營養劑的發酵木屑飼養。

條背大鍬形蟲　*Dorcus reichei clypeatus*

- 分　　布：臺灣全島中至高海拔山區。
- 飼養資訊：參考平頭大鍬形蟲飼養繁殖法（p.96）。
- 雄成蟲體長：18～42mm。

20℃~30℃　18℃~25℃

飼養繁殖溫度

成蟲　　幼蟲

- 備註：幼蟲可用菌絲瓶或添加營養劑的發酵木屑飼養。

⋯⋯ ●臺灣產鍬形蟲

深山扁鍬形蟲　*Dorcus kyanrauensis*

🐛 分　　　布：臺灣全島低至中海
　　　　　　　　拔山區。

🐛 飼養資訊：參考扁鍬形蟲飼養
　　　　　　　　繁殖法（p.98）。

🐛 雄成蟲體長：18～56mm。

25℃~33℃　　20℃~28℃

飼養繁殖
溫度

成蟲　　　幼蟲

🐛 備註：幼蟲可用菌絲瓶或添加營
　　　　養劑的發酵木屑飼養。

姬扁鍬形蟲　*Dorcus parvulus*

🐛 分　　　布：臺灣恆春（墾丁）
　　　　　　　　及蘭嶼低海拔海岸
　　　　　　　　林區。

🐛 飼養資訊：參考扁鍬形蟲飼養
　　　　　　　　繁殖法（p.98）。

🐛 雄成蟲體長：10～20mm。

25℃~35℃　　23℃~32℃

飼養繁殖
溫度

成蟲　　　幼蟲

🐛 備註：幼蟲以添加營養劑的發酵
　　　　木屑飼養成長良好。

臺灣深山鍬形蟲　*Lucanus formosanus*

- 分　　布：臺灣全島低至中海拔山區。
- 飼養資訊：參考高砂深山鍬形蟲飼養繁殖法（p.112）。
- 雄成蟲體長：35～85mm。

20℃~30℃　　18℃~25℃

飼養繁殖溫度

成蟲　　　　　幼蟲

- 備註：北、中、南部產的相等體型個體，外觀有些微差異。

望月鍬形蟲　*Dorcus mochizukii*

- 分　　布：臺灣全島中海拔山區。
- 飼養資訊：參考扁鍬形蟲飼養繁殖法（p.98）。
- 雄成蟲體長：17～38mm。

20℃~30℃　　18℃~28℃

飼養繁殖溫度

成蟲　　　　　幼蟲

- 備註：幼蟲以添加營養劑的發酵木屑飼養成長良好，容易飼養繁殖。

雙鉤鋸鍬形蟲　*Prosopocoilus formosanus*

分　　布：臺灣全島中海拔山區。

飼養資訊：參考兩點鋸鍬形蟲飼養繁殖法（p.104）。

雄成蟲體長：19～40mm。

25℃~30℃　　20℃~25℃

飼養繁殖溫度

成蟲　　幼蟲

備註：卵及剛孵化的幼蟲很小，建議布置好產卵環境2個月後再挖出幼蟲。

鹿角鍬形蟲　*Rhaetulus crenatus*

分　　布：臺灣全島低至中海拔山區。

飼養資訊：參考扁鍬形蟲飼養繁殖法（p.98）。

雄成蟲體長：22～66mm。

25℃~32℃　　22℃~30℃

飼養繁殖溫度

成蟲　　幼蟲

備註：幼蟲以添加營養劑的發酵木屑飼養成長良好，容易飼養繁殖。

漆黑鹿角鍬形蟲　*Pseudorhaetus sinicus concolor*

備註：幼蟲以添加營養劑的發酵
　　　木屑飼養成長良好。

分　　　布：臺灣全島中海拔山
　　　　　　區。
飼養資訊：參考扁鍬形蟲飼養
　　　　　　繁殖法（p.98）。
雄成蟲體長：27～66mm。

22℃~30℃　22℃~28℃

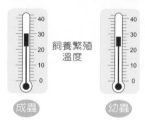

飼養繁殖
溫度

成蟲　　　　　　幼蟲

細身赤鍬形蟲　*Cyclommatus scutellaris*

備註：卵及剛孵化的幼蟲很小，
　　　建議布置好產卵環境2個月
　　　後再挖出幼蟲。

分　　　布：臺灣全島低至中海
　　　　　　拔山區。
飼養資訊：參考雞冠細身赤鍬
　　　　　　形蟲飼養繁殖法
　　　　　　（p.108）。
雄成蟲體長：17～47mm。

24℃~30℃　22℃~28℃

飼養繁殖
溫度

成蟲　　　　　　幼蟲

豔細身赤鍬形蟲　*Cyclommatus asahinai*

備註：卵及剛孵化的幼蟲很小，
　　　建議布置好產卵環境2個月
　　　後再挖出幼蟲。

分　　　布：臺灣全島低至中海
　　　　　　拔山區。
飼養資訊：參考雞冠細身赤鍬
　　　　　　形蟲飼養繁殖法
　　　　　　（p.108）。
雄成蟲體長：20～48mm。

20°C~28°C　18°C~26°C

飼養繁殖溫度

成蟲　　幼蟲

臺灣肥角鍬形蟲　*Aegus laevicollis formosae*

備註：繁殖時需使用木屑泥當產
　　　卵床，木屑泥可用多次發
　　　酵木屑與餵養過鍬形蟲幼
　　　蟲的木屑混合發酵使用。

分　　　布：臺灣全島低至中海
　　　　　　拔山區。
飼養資訊：參考菲律賓肥角鍬
　　　　　　形蟲飼養繁殖法
　　　　　　（p.114）。
雄成蟲體長：17～46mm。

22°C~30°C　18°C~28°C

飼養繁殖溫度

成蟲　　幼蟲

矮鍬形蟲　*Figulus binodulus*

- 分　　布：臺灣全島低至中海
拔郊區及山區。
- 飼養資訊：參考臺灣鏽鍬形
蟲飼養繁殖法
（p.102）。
- 雄成蟲體長：10～18mm。

25℃~35℃　　22℃~32℃

飼養繁殖
溫度

成蟲　　　幼蟲

- 備註：卵及剛孵化的幼蟲很小，
建議布置好產卵環境2個
月後再挖出幼蟲。

豆鍬形蟲　*Figulus punctatus*

- 分　　布：臺灣全島低至中海
拔山區。
- 飼養資訊：參考臺灣鏽鍬形
蟲飼養繁殖法
（p.102）。
- 雄成蟲體長：8～12mm。

22℃~30℃　　18℃~28℃

飼養繁殖
溫度

成蟲　　　幼蟲

- 備註：成蟲若為中海拔出產之
個體繁殖溫度需控制在
18℃～24℃較佳。

大圓翅鍬形蟲　*Neolucanus vendli*

分　　布：臺灣全島低至中海拔山區。

飼養資訊：參考鬼艷鍬形蟲飼養繁殖法（p.110）。

雄成蟲體長：40～68mm。

20℃~28℃　18℃~25℃

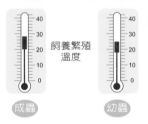

飼養繁殖溫度

成蟲　　幼蟲

備註：需使用較濕的針葉樹多次發酵木屑，繁殖及餵養幼蟲成長較佳。

臺灣角葫蘆鍬形蟲　*Nigidius fromosanus*

分　　布：臺灣南部低海拔山區。

飼養資訊：參考臺灣鏽鍬形蟲飼養繁殖法（p.102）。

雄成蟲體長：18～42mm。

25℃~32℃　24℃~28℃

飼養繁殖溫度

成蟲　　幼蟲

備註：幼蟲以添加營養劑的發酵木屑飼養成長良好，幼蟲成長迅速，幼蟲期短。

6

鍬形蟲與兜蟲飼育簡述

●外國產鍬形蟲

日本大鍬形蟲　*Dorcus hopei binodulosus*

分　　布：日本。
飼養資訊：參考中國大鍬形
　　　　　蟲飼養繁殖法
　　　　　（p.116）。
雄成蟲體長：25～85mm。

25℃~30℃　18℃~26℃

飼養繁殖
溫度

成蟲　幼蟲

備註：交配時建議在觀察下進行，
　　　避免雄蟲夾死雌蟲。幼蟲以
　　　菌絲瓶飼養成長良好。

派瑞大鍬形蟲　*Dorcus parryi ritsemae*

分　　布：印尼。
飼養資訊：參考中國大鍬形
　　　　　蟲飼養繁殖法
　　　　　（p.116）。
雄成蟲體長：35～80mm。

25℃~30℃　18℃~26℃

飼養繁殖
溫度

成蟲　幼蟲

備註：交配時建議在觀察下進行，
　　　避免雄蟲夾死雌蟲。幼蟲以
　　　菌絲瓶飼養成長良好。

印尼條背大鍬形蟲　*Dorcus reichei*

- 分　　布：印尼。
- 飼養資訊：參考中國大鍬形蟲飼養繁殖法（p.116）。
- 雄成蟲體長：25～45mm。

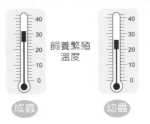

25℃~32℃　20℃~26℃

飼養繁殖溫度

成蟲　　幼蟲

備註：幼蟲以菌絲瓶或添加營養劑的發酵木屑飼養成長均佳。

馬來西亞黃金鬼鍬形蟲　*Allotopus moellenkampi*

- 分　　布：馬來西亞。
- 飼養資訊：參考黃邊鬼豔鍬形蟲飼養繁殖法（p.140）。
- 雄成蟲體長：40～80mm。

22℃~30℃　20℃~28℃

飼養繁殖溫度

成蟲　　幼蟲

備註：繁殖難度高，繁殖時需使用發酵木屑及雲芝菌產卵木，幼蟲需以雲芝菌絲瓶飼養。

蘇門達臘大扁鍬形蟲　*Dorcus titanus titanus*

🐛 分　　布：印尼蘇門達臘。
🐛 飼養資訊：參考蘇拉維西大扁
　　　　　　鍬形蟲飼養繁殖法
　　　　　　（p.120）。
🐛 雄成蟲體長：38～102mm。

25℃~30℃　　18℃~26℃

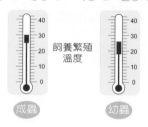

飼養繁殖
溫度

🐛 備註：交配時建議在觀察下進
　　　　行，避免雄蟲夾死雌蟲。
　　　　幼蟲以菌絲瓶飼養成長良
　　　　好，容易飼養繁殖。

牛頭扁鍬形蟲　*Dorcus bucephalus*

🐛 分　　布：印尼。
🐛 飼養資訊：參考蘇拉維西大扁
　　　　　　鍬形蟲飼養繁殖法
　　　　　　（p.120）。
🐛 雄成蟲體長：35～90mm。

25℃~32℃　　20℃~30℃

飼養繁殖
溫度

🐛 備註：交配時建議在觀察下進
　　　　行，避免雄蟲夾死雌蟲。
　　　　幼蟲以菌絲瓶飼養成長良
　　　　好，容易飼養繁殖。

寬扁鍬形蟲　*Dorcus alcides*

🪲 分　　布：印尼蘇門達臘。

🪲 飼養資訊：參考巴拉望大扁鍬
形蟲飼養繁殖法
（p.122）。

🪲 雄成蟲體長：35～102mm。

25℃~30℃　　20℃~28℃

飼養繁殖溫度

成蟲　　　　　幼蟲

🪲 備註：交配時建議在觀察下進
行，避免雄蟲夾死雌蟲。
幼蟲以菌絲瓶飼養成長良
好，容易飼養繁殖。

星肥角鍬形蟲　*Aegus platyodon*

🪲 分　　布：印尼（新幾內亞、
摩鹿加群島）。

🪲 飼養資訊：參考菲律賓肥角鍬
形蟲飼養繁殖法
（p.114）。

🪲 雄成蟲體長：20～50mm。

25℃~30℃　　20℃~28℃

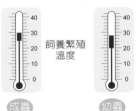

飼養繁殖溫度

成蟲　　　　　幼蟲

🪲 備註：幼蟲以添加營養劑的多次
發酵木屑飼養較佳。

螃蟹鍬形蟲　*Homoderus mellyi*

🖋 分　　布：剛果。
🖋 飼養資訊：參考華勒斯鋸鍬
　　　　　　形蟲飼養繁殖法
　　　　　　（p.132）。
🖋 雄成蟲體長：30～58mm。

24℃~30℃　　20℃~28℃

飼養繁殖
溫度

成蟲　　　　幼蟲

🖋 備註：成蟲羽化後蟄伏期約需3～
　　　　6個月，待雌雄蟲均已成熟
　　　　再交配繁殖繁殖，繁殖時
　　　　需選擇軟的產卵木。

直顎側紋鋸鍬形蟲　*Prosopocoilus fruhstorferi fruhstorferi*

🖋 分　　布：印尼。
🖋 飼養資訊：參考華勒斯鋸鍬
　　　　　　形蟲飼養繁殖法
　　　　　　（p.132）。
🖋 雄成蟲體長：25～50mm。

25℃~32℃　　20℃~28℃

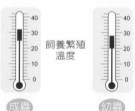

飼養繁殖
溫度

成蟲　　　　幼蟲

🖋 備註：幼蟲以添加營養劑的發酵
　　　　木屑飼養成長良好，容易飼養繁
　　　　殖。

野牛鋸鍬形蟲　*Prosopocoilus bison*

- 🐛 分　　布：印尼。
- 🐛 飼養資訊：參考華勒斯鋸鍬
  形蟲飼養繁殖法
  （p.132）。
- 🐛 雄成蟲體長：35～65mm。

25℃~32℃　20℃~28℃

飼養繁殖
溫度

成蟲　　幼蟲

- 🐛 備註：幼蟲以添加營養劑的發酵
  木屑飼養成長良好，容易
  飼養繁殖。

所羅門鋸鍬形蟲　*Prosopocoilus hasterti moinieri*

- 🐛 分　　布：所羅門群島。
- 🐛 飼養資訊：參考華勒斯鋸鍬
  形蟲飼養繁殖
  法（p.132）。
- 🐛 雄成蟲體長：38～70mm。

22℃~30℃　20℃~28℃

飼養繁殖
溫度

成蟲　　幼蟲

- 🐛 備註：繁殖時需使用軟至中等硬度
  產卵木及發酵木屑。幼蟲以
  菌絲瓶或添加營養劑的發酵
  木屑飼養成長良好。

非洲鉗角鋸鍬形蟲　*Prosopocoilus natalensis*

🐛 分　　布：非洲坦尚尼亞。
🐛 飼養資訊：參考澳洲花鍬形蟲
　　　　　　基礎飼養繁殖法
　　　　　　（p.138）。
🐛 雄成蟲體長：28～50mm。

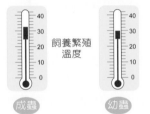

25℃~33℃　　25℃~30℃

飼養繁殖
溫度

成蟲　　　　幼蟲

🐛 備註：幼蟲以添加營養劑的發酵
　　　　木屑飼養成長良好，容易
　　　　飼養繁殖。

大頭寶寶細身赤鍬形蟲　*Cyclommatus pulchellus*

🐛 分　　布：巴布亞新幾內亞。
🐛 飼養資訊：參考美他利佛細身
　　　　　　赤鍬形蟲飼養繁殖
　　　　　　法（p.124）。
🐛 雄成蟲體長：22～45mm。

20℃~30℃　　20℃~26℃

飼養繁殖
溫度

成蟲　　　　幼蟲

🐛 備註：成蟲壽命不長，儘速交配
　　　　後繁殖。

索摩里鬼豔鍬形蟲　*Odontolabis sommeri sommeri*

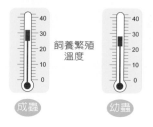

分　　　布：印尼蘇門達臘。

飼養資訊：參考黃邊鬼豔鍬
　　　　　形蟲飼養繁殖法
　　　　　（p.140）。

雄成蟲體長：45～90mm。

25℃~32℃　　22℃~28℃

飼養繁殖
溫度

成蟲　　　　　幼蟲

備註：繁殖難度較高，繁殖時可
　　　將多次發酵木屑（或基礎
　　　兜土）及二次發酵木屑以
　　　1:1比例混合使用。

黑叉角鍬形蟲　*Hexarthrius buqueti*

分　　　布：印尼。

飼養資訊：參考橘背叉角鍬
　　　　　形蟲飼養繁殖法
　　　　　（p.126）。

雄成蟲體長：40～85mm。

25℃~30℃　　22℃~28℃

飼養繁殖
溫度

成蟲　　　　　幼蟲

備註：幼蟲以添加營養劑的發酵
　　　木屑飼養成長良好，容易
　　　飼養繁殖。

兜蟲與植食性金龜飼育簡述

臺灣鹿角金龜 *Dicranocephalus bourgoini*

分　　布：臺灣全島低至中海
　　　　　拔山區。

飼養資訊：參考臺北白金
　　　　　龜飼養繁殖法
　　　　　（p.154）。

雄成蟲體長：23～40mm。

25℃~33℃　　22℃~30℃

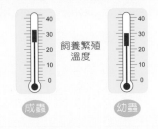

飼養繁殖
溫度

成蟲　　幼蟲

備註：繁殖或幼蟲飼養需使用含
　　　竹葉之腐葉土，將基礎土
　　　與剪碎的竹葉以1:1比例混
　　　合發酵後使用。

臺灣鍬形金龜 *Kibakoganea formosana*

分　　布：臺灣東南部及南部
　　　　　中海拔山區。

飼養資訊：參考兩點鋸鍬形
　　　　　蟲飼育繁殖法
　　　　　（p.104）。

雄成蟲體長：20～37mm。

22℃~28℃　　18℃~25℃

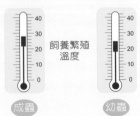

飼養繁殖
溫度

成蟲　　幼蟲

備註：繁殖時需使用發酵木屑及
　　　產卵木，幼蟲需用添加營
　　　養劑的發酵木屑或產卵木
　　　飼養。

....●臺灣產兜蟲與植食性金龜

臺灣扇角金龜　*Trigonophorus rothschildi varians*

- 分　　布：臺灣全島中海拔山區。
- 飼養資訊：參考獨角仙飼養繁殖法（p.144）。
- 雄成蟲體長：24～32mm。

25℃~30℃　　22℃~28℃

飼養繁殖溫度

成蟲　　　　幼蟲

- 備註：成蟲壽命短，儘速讓雌雄蟲交配後繁殖。使用混入部分腐葉土的腐植土為產卵床。

綠豔長腳花金龜　*Trichius elegans*

- 分　　布：臺灣全島中海拔山區。
- 飼養資訊：參考臺北白金龜飼養繁殖法（p.154）。
- 雄成蟲體長：19～25mm。

25℃~28℃　　20℃~26℃

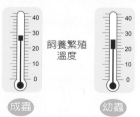

飼養繁殖溫度

成蟲　　　　幼蟲

- 備註：成蟲壽命短，儘速讓雌雄蟲交配後繁殖。繁殖時使用混入部分腐葉土的腐植土為產卵床。

6

鍬形蟲與兜蟲飼育簡述

金豔騷金龜　*Rhomborrhina splendida*

🐾 分　　布：臺灣全島低至中海
　　　　　　拔山區。

🐾 飼養資訊：參考獨角仙飼養繁
　　　　　　殖法（p.144）。

🐾 雄成蟲體長：30～46mm。

25°C~30°C　　22°C~28°C

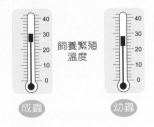

飼養繁殖
溫度

成蟲　　　　幼蟲

🐾 備註：成蟲壽命短，儘速讓雌雄
　　　　蟲交配後繁殖。繁殖時使
　　　　用混入部分腐葉土的腐植
　　　　土為產卵床。

藍豔白點花金龜　*Protaetia inquinata*

🐾 分　　布：臺灣全島低至中海
　　　　　　拔山區。

🐾 飼養資訊：參考東方白點花
　　　　　　金龜飼養繁殖法
　　　　　　（p.150）。

🐾 雄成蟲體長：20～26mm。

26°C~32°C　　22°C~30°C

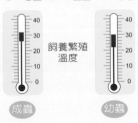

飼養繁殖
溫度

成蟲　　　　幼蟲

🐾 備註：卵及剛孵化的幼蟲很小，
　　　　建議布置好產卵環境2個月
　　　　後再挖出幼蟲，腐植土濕
　　　　度稍低一點。

黃豔金龜　*Mimela testaceoviridis*

- 分　　布：臺灣全島低至中海拔山區。
- 飼養資訊：參考獨角仙飼養繁殖法（p.144）。
- 雄成蟲體長：15～18mm。

26℃~32℃　　22℃~30℃

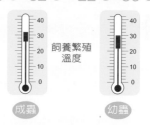

飼養繁殖溫度

成蟲　　幼蟲

- 備註：成蟲壽命短，儘速讓雌雄蟲交配後繁殖。

臺灣小綠花金龜　*Gametis forticula formosana*

- 分　　布：臺灣全島低至中海拔山區。
- 飼養資訊：參考東方白點花金龜飼養繁殖法（p.150）。
- 雄成蟲體長：12～15mm。

25℃~32℃　　22℃~28℃

飼養繁殖溫度

成蟲　　幼蟲

- 備註：使用混入部分腐葉土的腐植土為產卵床，可增加雌蟲產卵數。

小青銅金龜 *Anomala albopilosa trachypyga*

🐾 分　　布：臺灣全島低至中海
拔山區。

🐾 飼養資訊：參考臺灣青銅金
龜飼養繁殖法
（p.152）。

🐾 雄成蟲體長：17～23mm。

26℃~32℃　　22℃~30℃

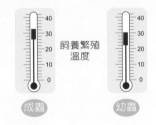

飼養繁殖
溫度

成蟲　　幼蟲

🐾 備註：卵及剛孵化的幼蟲很小，
建議布置好產卵環境2個月
後再挖出幼蟲。

藍帶條金龜 *Anomala aulacoides*

🐾 分　　布：臺灣全島低至中海
拔山區。

🐾 飼養資訊：參考臺灣青銅金
龜飼養繁殖法
（p.152）。

🐾 雄成蟲體長：15～20mm。

22℃~28℃　　20℃~26℃

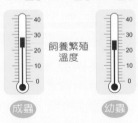

飼養繁殖
溫度

成蟲　　幼蟲

🐾 備註：繁殖時使用混入部分腐葉
土為產卵床，可增加雌蟲
產卵數。

臺灣白條金龜　*Polyphylla taiwana*

🐛 分　　布：臺灣全島低至中海
　　　　　　拔山區。

🐛 飼養資訊：參考臺北白金
　　　　　　龜飼養繁殖法
　　　　　　（p.154）。

🐛 雄成蟲體長：27～35mm。

25℃~30℃　　22℃~28℃

飼養繁殖
溫度

成蟲　　　　　幼蟲

🐛 備註：繁殖時使用混入部分腐葉
　　　　土的腐植土爲產卵床，飼
　　　　養幼蟲時利用混入部分腐
　　　　葉土的腐植土餵養。

臺灣巨黑金龜　*Holotrichia lata*

🐛 分　　布：臺灣全島低至中海
　　　　　　拔山區。

🐛 飼養資訊：參考獨角仙飼養繁
　　　　　　殖法（p.144）。

🐛 雄成蟲體長：22～30mm。

25℃~32℃　　22℃~28℃

飼養繁殖
溫度

成蟲　　　　　幼蟲

🐛 備註：繁殖時使用混入部分腐葉
　　　　土的腐植土爲產卵床，飼
　　　　養幼蟲時利用混入部分腐
　　　　葉土的腐植土餵養。

黃腹黑金龜　*Dasylepida fissa*

- 🐾 分　　布：臺灣全島低至中海拔山區。
- 🐾 飼養資訊：參考臺北白金龜飼養繁殖法（p.154）。
- 🐾 雄成蟲體長：16～20mm。

25℃~32℃　　22℃~30℃

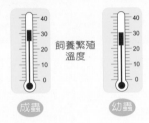

飼養繁殖溫度

成蟲　　　幼蟲

🐾 備註：繁殖時使用混入部分腐葉土的腐植土為產卵床，可增加雌蟲產卵數。

黃斑陷紋金龜　*Euselates tonkinensis formosana*

- 🐾 分　　布：臺灣全島中海拔山區。
- 🐾 飼養資訊：參考兩點鋸鍬形蟲飼育繁殖法（p.104）。
- 🐾 雄成蟲體長：23～30mm。

22℃~28℃　　20℃~25℃

飼養繁殖溫度

成蟲　　　幼蟲

🐾 備註：繁殖時需使用發酵木屑及產卵木，幼蟲以發酵木屑飼養成長較佳。

黑斑陷紋金龜　*Taeniodera nigricollis viridula*

🐛 分　　　布：臺灣全島低至中海
　　　　　　　拔山區。

🐛 飼養資訊：參考兩點鋸鍬形
　　　　　　　蟲飼育繁殖法
　　　　　　　（p.104）。

🐛 雄成蟲體長：15～20mm。

22℃~30℃　　20℃~25℃

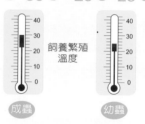

飼養繁殖
溫度

成蟲　　　幼蟲

🐛 備註：繁殖時需使用發酵木屑及
　　　　　產卵木，幼蟲以發酵木屑
　　　　　飼養成長較佳。

臺灣琉璃豆金龜　*Popillia mutans*

🐛 分　　　布：臺灣全島低至中海
　　　　　　　拔山區。

🐛 飼養資訊：參考臺北白金
　　　　　　　龜飼育繁殖法
　　　　　　　（p.154）。

🐛 雄成蟲體長：10～15mm。

24℃~32℃　　22℃~30℃

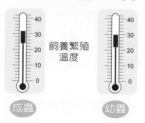

飼養繁殖
溫度

成蟲　　　幼蟲

🐛 備註：建議布置好產卵環境2～3
　　　　　個月後再檢視取出幼蟲，
　　　　　幼蟲以多次發酵木屑飼養
　　　　　成長良好。

●外國產兜蟲與植食性金龜

利奇長戟大兜蟲 *Dynastes hercules lichyi* (D.H.L.)

分　　布：南美洲中部玻利維亞、委內瑞拉、哥倫比亞、厄瓜多爾及秘魯。

飼養資訊：參考赫克力士長戟大兜蟲飼養繁殖法（p.156）。

24℃~32℃　22℃~30℃

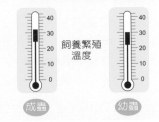

飼養繁殖溫度

成蟲　　幼蟲

備註：雄蟲生性凶猛，交配時建議在觀察下進行，避免雄蟲夾死雌蟲。需使用大的飼育或繁殖容器。

摩里斯長戟大兜蟲 *Dynastes hercules morishimai* (D.H.M.)

分　　布：南美洲玻利維亞。

飼養資訊：參考赫克力士長戟大兜蟲飼養繁殖法（p.156）。

雄成蟲體長：55～170mm。

24℃~32℃　22℃~30℃

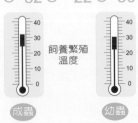

飼養繁殖溫度

成蟲　　幼蟲

備註：雄蟲生性凶猛，交配時建議在觀察下進行，避免雄蟲夾死雌蟲。需使用大的飼育或繁殖容器。

戰神大兜蟲　*Megasoma mars*

🐛 分　　布：南美洲中北部哥倫比亞、厄瓜多、迦納、巴西及委內瑞拉。

🐛 飼養資訊：參考毛大象大兜蟲飼養繁殖法（p.158）。

🐛 雄成蟲體長：70～140mm。

25°C~32°C　22°C~30°C

飼養繁殖溫度

成蟲　　幼蟲

🐛 備註：體型巨大，需使用大的飼育或繁殖容器。幼蟲期長，一般均超過18個月。

阿特拉斯南洋大兜蟲　*Chalcosma atlas*

🐛 分　　布：印尼。

🐛 飼養資訊：參考高卡薩斯南洋大兜蟲飼養繁殖法（p.160）。

🐛 雄成蟲體長：45～120mm。

25°C~33°C　22°C~30°C

飼養繁殖溫度

成蟲　　幼蟲

🐛 備註：交配時建議在觀察下進行，避免雄蟲夾死雌蟲。幼蟲生性凶猛，有互咬的情形，建議分開飼養。

美西白兜蟲　*Dynastes granti*

- 分　　布：美國亞歷桑納州及猶他州之間。
- 飼養資訊：參考美東白兜蟲飼養繁殖法（p.164）。
- 雄成蟲體長：35～80mm。

23℃~28℃　20℃~25℃

飼養繁殖溫度

成蟲　幼蟲

備註：成蟲壽命不長，儘速交配後繁殖，卵期較一般兜蟲長，平均約4～6個月。

印尼姬兜蟲　*Xylotrupes gideon*

- 分　　布：印尼。
- 飼養資訊：參考黑金剛姬兜蟲飼養繁殖法（p.166）。
- 雄成蟲體長：35～75mm。

25℃~33℃　24℃~30℃

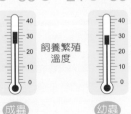

飼養繁殖溫度

成蟲　幼蟲

備註：容易飼養繁殖，容易飼養出大型個體。

棕毛姬兜蟲　*Xylotrupes pubescens*

25°C~33°C　24°C~30°C

飼養繁殖
溫度

成蟲　幼蟲

分　　布：菲律賓。

飼養資訊：參考黑金剛姬兜
蟲飼養繁殖法
（p.166）。

雄成蟲體長：30～65mm。

備註：容易飼養繁殖，容易飼養
出大型個體。

三角龍小兜蟲　*Strategus aloeus julianus*

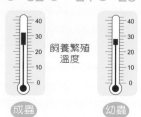

24°C~32°C　24°C~28°C

飼養繁殖
溫度

成蟲　幼蟲

分　　布：美國、阿根廷及墨西
哥。

飼養資訊：參考布雷威格小
兜蟲飼養繁殖法
（p.168）。

雄成蟲體長：35～55mm。

備註：繁殖及幼蟲飼養時可以各
種腐植土為產卵床或飼
養。

兔子小兜蟲　*Eupatorus birmanicus*

🐾 分　　布：泰國。
🐾 飼養資訊：參考布雷威格小
　　　　　　兜飼養繁殖法
　　　　　　（p.168）。
🐾 雄成蟲體長：35～60mm。

25℃~32℃　　22℃~30℃

飼養繁殖
溫度

成蟲　　　　　幼蟲

🐾 備註：繁殖及幼蟲飼養時可以各
　　　　種腐植土為產卵床或飼
　　　　養。

鋸角兜蟲　*Beckius beccarii*

🐾 分　　布：西伊利安。
🐾 飼養資訊：參考黃五角大兜
　　　　　　蟲飼養繁殖法
　　　　　　（p.162）。
🐾 雄成蟲體長：35～75mm。

22℃~30℃　　20℃~28℃

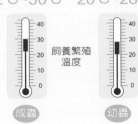

飼養繁殖
溫度

成蟲　　　　　幼蟲

🐾 備註：繁殖或幼蟲飼養需使用含
　　　　竹葉之腐葉土，可將基礎
　　　　土與剪碎的竹葉以1:1比例
　　　　混合發酵後使用。

豎角兜蟲　*Golofa eacus*

- 分　　布：厄瓜多。
- 飼養資訊：參考黃五角大兜 蟲飼養繁殖法 （p.162）。
- 雄成蟲體長：35～80mm。

22℃~30℃　20℃~28℃

飼養繁殖 溫度

成蟲　　幼蟲

- 備註：成蟲壽命不長，儘速交配 後繁殖。

托卡塔角金龜　*Mecynorhina torquata immaculicollis*

- 分　　布：非洲喀麥隆、薩 伊、剛果及加蓬共 和國。
- 飼養資訊：參考波麗菲夢斯角 金龜飼養繁殖法 （p.170）。
- 雄成蟲體長：40～80mm。

25℃~32℃　22℃~30℃

飼養繁殖 溫度

成蟲　　幼蟲

- 備註：幼蟲飼養及成蟲繁殖時腐 植土濕度需低一點，可於 腐植土中添加腐葉土使用 效果更佳。

6

鍬形蟲與兜蟲飼育簡述

209

歐貝魯角金龜　*Mecynorhina oberthueri*

- 分　　布：非洲坦尚尼亞。
- 飼養資訊：參考波麗菲夢斯角
  金龜飼養繁殖法
  （p.170）。
- 雄成蟲體長：40～48mm。

25℃~32℃　24℃~30℃

飼養繁殖
溫度

成蟲　　幼蟲

備註：繁殖時腐植土濕度稍低一
　　　點，幼蟲利用腐葉土餵養
　　　成長良好。

白條紫角金龜　*Dicronorhina derbyana conradsi*

- 分　　布：非洲。
- 飼養資訊：參考白條綠角金
  龜飼養繁殖法
  （p.172）。
- 雄成蟲體長：30～50mm。

25℃~34℃　25℃~30℃

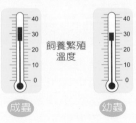

飼養繁殖
溫度

成蟲　　幼蟲

備註：成蟲飛行及繁殖能力強，
　　　小心預防成蟲飛走，避免
　　　造成外來種引起的生態危
　　　機。

白頭綠角金龜　*Dicronorhina derbyana oberthueri*

🐛 分　　布：非洲。

🐛 飼養資訊：參考白條綠角金
　　　　　　龜飼養繁殖法
　　　　　　（p.172）。

🐛 雄成蟲體長：30～55mm。

25℃~33℃　　24℃~30℃

飼養繁殖
溫度

成蟲　　　　幼蟲

🐛 備註：成蟲飛行及繁殖能力強，
　　　　小心預防成蟲飛走，避免
　　　　造成外來種引起的生態危
　　　　機。

非洲扁角金龜　*Dicronorhina micans*

🐛 分　　布：非洲。

🐛 飼養資訊：參考白條綠角金
　　　　　　龜飼養繁殖法
　　　　　　（p.172）。

🐛 雄成蟲體長：22～45mm。

25℃~34℃　　24℃~30℃

飼養繁殖
溫度

成蟲　　　　幼蟲

🐛 備註：成蟲飛行及繁殖能力強，
　　　　小心預防成蟲飛走，避免
　　　　造成外來種引起的生態危
　　　　機。

7

甲蟲的飼養環境及管理

甲蟲的飼養環境及管理

 ## 飼養環境的選擇

　　野生甲蟲生長活動的棲地大多為潮濕陰涼的森林中下層，飼養甲蟲時若能盡量符合甲蟲原生環境最好，但這並不容易。以下提供飼育的基本條件提供飼養者參考：

(一)以觀察及記錄為目的飼養環境

　　1.陰涼及通風良好的地方，不可有陽光直接照射。

　　2.放置於容易觀察記錄的地方。

　　3.選用較窄且透明度高的容器飼養（容易觀察且可減少倒出昆蟲觀察的次數，盡量避免干擾）。

(二)以飼養出大型個體為目的飼養環境

　　1.陰涼及溫度控制（控制在攝氏20℃～25℃，或依照飼養不同物種的需求調整）。

　　2.不可有陽光直接照射。

　　3.人少走動或碰撞的地方（干擾減到最低）。

　　4.選用大的容器飼養（充足的食物），減少換食物的次數，將對昆蟲的干擾減到最低。

　　5.避免時常搬動飼養容器。

 ## 飼養環境的衛生維護

(一)清除飼養甲蟲時滋生的木蝨及果蠅

　　飼養甲蟲時常有木蝨及果蠅滋生，雖然並不會影響人體的健康，但常會因此造成飼養者及其家人生活上的困擾。減少木蝨及果蠅的方法如下：

　　1.飼養甲蟲用的木屑或腐植土使用前先放在太陽下曝曬2～3天或放置冰箱冷凍庫冰2～3天，待降溫或解凍後再使用。

2. 在飼養甲蟲的容器上蓋上防蟲（木蚋）紙。

3. 時常更換食物，避免食物因腐敗引來果蠅。

4. 於飼養環境中放置黏木蚋紙（含木蚋賀爾蒙誘引劑）、黏蠅紙及捕蚊燈等誘殺清除。

5. 若木蚋及果蠅已大量滋生，建議更換飼養的木屑或腐植土。

黏蠅紙可黏住果蠅及木蚋

㈡ 清除飼養甲蟲時引來的螞蟻

　　飼養的甲蟲有時會吸引螞蟻入侵，造成飼養者及其家人生活上的困擾。以下方法可避免或減少螞蟻入侵：

1. 飼養容器內已經有螞蟻入侵時，可先將飼養容器搬至戶外，將成蟲的食物（例如：果凍或水果）清除，接著震動飼養容器數次，待螞蟻都爬出後再重新布置飼養環境。

2. 隔水放置成蟲飼養箱或容器（但水盆內的水需每週更換，避免滋生蚊子）。

捕蚊燈可誘殺木蚋

3. 在置放成蟲飼養箱或容器的每個架子腳下放一小塑膠杯，內裝少許沙拉油（約1個月更換1次即可），可避免螞蟻爬上置放成蟲的架子，且沒有蚊子滋生的問題。

㈢ 清除甲蟲身上的蟎

　　飼養的甲蟲有時會有蟎類的寄生，數量過多時會影響甲蟲的健康、活動及美觀，但對人體健康並無影響，不需過於緊張。以下方法可減少蟎類的數量：

1. 蟎類量少時：可用雙面膠黏於棉花棒上將蟎黏除。

2. 蟎類量多時：用小毛刷將蟎刷除。

3. 可用市售的各種除蟎木屑及除蟎藥劑防止或清除蟎類。

甲蟲的飼養管理

詳實記錄、便於管理

　　在每次觀察或更換食物時詳實記錄各種情況，有利於甲蟲的飼養與管理，因為當您飼養較多的昆蟲或工作繁忙時，很容易忘記上次何時餵養。此時，若有一完整的飼養記錄清單，就可以馬上瞭解飼養狀況，避免錯過餵養照顧的時間，讓您飼養的蟲長得更好更健康喔！以下為簡單範例，提供您參考：

幼蟲		
序號	日期	記錄事項
1	95/8 /13	扁鍬蛻皮轉L2幼蟲，更換菌瓶 (1.5L)
2	95/10/25	扁鍬蛻皮轉L3幼蟲，更換菌瓶 (1.5L)
3	95/11/30	扁鍬L3幼蟲，食痕很多，但仍不需換菌瓶
4	95/12/12	扁鍬L3幼蟲，更換菌瓶 (1.5L)
5	96/1 /15	扁鍬L3幼蟲，食痕很多，但仍不需換菌瓶
6	96/2 /10	扁鍬L3幼蟲，幼蟲食量明顯減少，體色變黃
7	96/2 /23	扁鍬L3幼蟲，開始建造蛹室
8		
9		
10		

範 例

蛹			成蟲		
序號	日期	記錄事項	序號	日期	記錄事項
1	95/8 /15	雞冠鍬形蟲前蛹	1	96/5 /14	購入巴拉望大扁鍬一對 （雄蟲95mm；雌蟲43mm）
2	95/8 /31	雞冠鍬形蟲化蛹	2	96/5/ 21	巴拉望大扁鍬交配
3	95/9/ 22	雞冠鍬形蟲羽化	3	96/5/ 24	布置巴拉望大扁鍬產卵環境，放入雌蟲生蛋
4			4	96/5 /27	檢查巴拉望大扁鍬產卵箱，灑水保濕並更換果凍
5			5		
6			6		
7			7		
8			8		
9			9		
10			10		

幼蟲			蛹			成蟲		
序號	日期	記錄事項	序號	日期	記錄事項	序號	日期	記錄事項
1			1			1		
2			2			2		
3			3			3		
4			4			4		
5			5			5		
6			6			6		
7			7			7		
8			8			8		
9			9			9		
10			10			10		

幼蟲			蛹			成蟲		
序號	日期	記錄事項	序號	日期	記錄事項	序號	日期	記錄事項
1			1			1		
2			2			2		
3			3			3		
4			4			4		
5			5			5		
6			6			6		
7			7			7		
8			8			8		
9			9			9		
10			10			10		

如何觀察野外的甲蟲

　　甲蟲無所不在，初學者要觀察甲蟲首先要培養敏銳的觀察力，隨時隨地注意甲蟲可能出現的環境。另外，還需要選擇一本良好的昆蟲圖鑑，發現昆蟲時可加以比對，先知道牠是哪一科的甲蟲，再尋找更專門的圖鑑進行鑑定工作；如果一般市面上的圖鑑無法滿足需求時，可以向專門研究各類別的專家學者請教。

　　初學者還可以藉由參加自然保育團體或社教機構所舉辦的昆蟲營隊等野外活動，跟隨專家同行累積野外觀察經驗。在進行觀察活動前，最好事先收集當地環境狀況與昆蟲相關資訊，除了基本野外活動裝備外，昆蟲觀察時也可以攜帶相機、放大鏡、望遠鏡、捕蟲網、鑷子及筆記簿等工具。

　　對甲蟲有較清楚的瞭解之後，在進行自然觀察時除了基本觀察結果的記錄之外，還可以進一步記錄一些量化數據或影音資料。也可以設定更進一步的觀察目的，進行簡單的生態調查，例如：收集某地區昆蟲在時間及空間上的分布資訊，瞭解何種甲蟲喜愛出現在怎樣的環境；或是觀察各類昆蟲的行為模式，瞭解各種植食性甲蟲的寄主植物種類、花種與訪花昆蟲之間的相互關係；或是各種甲蟲的天敵等較特定的觀察等等。

　　找尋特定的甲蟲常常需要依照各類甲蟲不同的習性選擇不同的觀察方法，部分觀察研究甲蟲的方法，如下所述：

野外觀察活動

夜間燈光觀察法

利用甲蟲的趨光性，觀察被燈光誘引前來的甲蟲，依燈光的來源可分為定點光源與不定點光源。

定點光源指的是固定不移動的照明設備，像是森林附近的路燈，住家或各類建築物的照明燈光等。不定點光源則是指可以隨機移動的光源，例如於夜間在森林附近架設水銀燈具作為光源，可吸引甲蟲加以觀察。夜間燈光觀察法除了可以誘集到許多甲蟲外，蛾類、椿象、竹節蟲或螳螂等昆蟲也常會被燈光吸引而出現在燈光下。

夜間燈光誘集

觀察樹皮下的昆蟲

步行觀察法

以步行的方式，於森林附近沿路進行甲蟲觀察，途中可以仔細搜尋飛行中或爬行於地面的甲蟲。本種觀察法可以選擇甲蟲喜愛聚集的樹木，找尋樹洞、樹皮下的甲蟲，特別是會流出汁液的樹種吸引甲蟲的功能最佳。對於各類甲蟲特別喜歡的樹木，也要特別留意觀察並做記錄，例如：鍬形蟲類偏好吸食殼斗科植物的樹液，獨角仙常聚集於白雞油樹上，而天牛與金花蟲類對特定植物有很大的偏好，如黃紋天牛喜歡啃食朴樹的樹幹，而斯文豪氏天牛常出現於山芙蓉的葉背。如果我們能辨識一些特定甲蟲的寄主植物，對於觀察甲蟲也會有所助益，將這些觀察記錄下來更是珍貴的野外資訊。植物開花、結果之時也是觀察甲蟲的好機會，許多天牛與金龜子都有訪花的習性，而部分植物果實成熟時也會吸引鍬形蟲或金龜子等甲蟲前來取食。

誘餌觀察法

這個方法通常利用腐爛發酵的水果氣味吸引甲蟲前來吸食而加以觀察，選擇時最好選氣味濃郁的水果，例如鳳梨、香蕉等。將誘餌放置於森林邊緣，1～2天後再去觀察前來取食的甲蟲，通常會有不錯的收穫。在水果上加糖與米酒一起發酵，果實的氣味會更濃郁，誘引昆蟲的效果會更好。

腐果誘集法

枯木觀察

朽木、腐植質觀察法

林地中傾倒或腐朽的枯木與森林底層的腐植質是鍬形蟲等甲蟲產卵和幼蟲生長的場所，巡視枯木或朽木下之腐植層可能會發現鍬形蟲或其他甲蟲。利用斧頭等工具劈開朽木，常能發現許多種類的甲蟲。

甲蟲採集與飼養倫理

大部分的甲蟲都生活在野地中，如果將牠帶回家飼養觀察，大多會在很短的時間內死亡。之所以會有這樣的結果，除了飼養的方法不正確外，還有大多數的甲蟲其實並不適合被帶回家中飼養，因為並非所有的甲蟲都可以適應我們所準備的人工飼養環境。

某些甲蟲如獨角仙和部分的鍬形蟲等，因為對環境的敏感度較低、活動量較低、食物不難取代以及成蟲繁殖能力強，所以比較容易適應人工的飼養環境。儘管如此，飼養環境的布置還是要盡量符合牠們在野外的生活條件，並提供合適的食物與充足的水分，才能提高存活率。

在野外採集甲蟲應注意國內、外相關法規，絕對不可以捕捉保育類昆蟲，也要避免在保護區、自然保留區或國有林地中採集昆蟲。最重要的是，採集甲蟲回來飼養前要提醒自己：「小昆蟲是有生命的，不可任意捕抓；帶回家後就要付出愛心與耐心飼養，不可任意拋棄或疏於照顧任牠死亡。」捕抓回來飼養的數量也不要太多，採集的量太多很可能會降低昆蟲在原來棲息地的數量；而且飼養太多也會造成自己的困擾，例如，食物不夠或飼養空間太小等問題，反而容易造成昆蟲的死亡。即使飼養的昆蟲數量繁殖得太多時也不能隨地遺棄，因為這些昆蟲經過長期演化已經有一定的生存環境要件，並且與棲地達成生態體系的平衡，任意的棄養不是造成牠們無法適應新環境而死亡，就是破壞當地原有的生態平衡。

而購買自寵物店的外來種甲蟲，飼養後更不能任意棄養。由於甲蟲具有善於飛行、世代短、繁殖力強等特性，如不當棄養可能會在野外自行繁衍，與臺灣原生甲蟲競爭，影響本土自然生態。近年來已有數種外來甲蟲在臺灣野外繁衍，截至目前為止，臺灣有4種外來種鍬形蟲和兜蟲在野地被捕獲，其中來自菲律賓的菲律賓肥角鍬形蟲（*Aegus philippinensis*）已在臺灣野外立足並持續擴散。此外，像是暗藍扁騷金龜（*Thaumastopeus shangaicus*）也在發現後數年內快速擴散至臺灣南部平地及中、低海拔山區，其產卵量大、幼蟲習性兇猛、食量大等特性對本土甲蟲幼蟲的生存形成威脅。除此之外，許多外來種甲蟲身體上攜帶外國種的蟎類，可能會形成蟎類的入侵種，造成本土甲蟲的死亡。臺灣是昆蟲王國，甲蟲的種類有4,600種左右，鍬形蟲亦超過50種，如此豐富的甲蟲資源，需要大家共同珍惜保護。

暗藍扁騷金龜

菲律賓肥角鍬形蟲

保育類昆蟲名錄

名錄中各項保育等級符號說明如下：

保育類野生動物等級　I：瀕臨絕種野生動物；II：珍貴稀有野生動物；III：其他應予保育之野生動物。

CITES附錄等級　I：附錄一；II：附錄二

中名	學名	保育類野生動物名錄物種等級	CITES 附錄之物種等級
阿波羅絹蝶	*Parnassius apollo* (Linnaeus)	I	II
褐鳳蝶屬現生所有種	*Bhutanitis spp.*	I	II
喙鳳蝶屬現生所有種	*Teinopalpus spp.*	I	II
亞力山卓皇后鳥翼蝶	*Ornithoptera alexandrae* (Rothschild)	I	I
牙買加鳳蝶	*Papilio (Pterourus) homerus* Fabricius	I	I
科西嘉鳳蝶	*Papilio (Papililo) hospiton* Guenee	I	I
呂宋翠鳳蝶（孔雀鳳蝶）	*Papilio (Achilides) chikae* Igarashi	I	I
鳥翼蝶屬現生所有種	*Ornithoptera spp.*	I	II
紅頸鳥翼蝶屬現生所有種	*Trogonoptera spp.*	I	II
裳鳳蝶屬現生所有種	*Troides spp.*	I	II
珠光鳳蝶、珠光黃裳鳳蝶	*Troides magellanus* Felder & Felder = *Troides magellanus sonani* Matsumura	I	II
黃裳鳳蝶、恆春金鳳蝶	*Troides aeacus formosanus* (Rothschild) = *Troides aeacus kaguya* Nakahara & Esaki	III	II
曙鳳蝶、桃紅鳳蝶	*Atrophaneura horishana* (Matsumura)	III	
寬尾鳳蝶、闊尾鳳蝶	*Agehana maraho* (Shiraki & Sonan)	I	
大紫蛺蝶	*Sasakia charonda formosana* Shirôzu	I	
無霸鉤蜓	*Anotogaster sieboldii* (Selys)	II	

大圓斑球背象鼻蟲　　　　妖豔吉丁蟲

虹彩叩頭蟲　　　　　　　臺灣大鍬形蟲

臺灣爺蟬	*Formotosena seebohmi* (Distant)	II	
妖豔吉丁蟲	*Buprestis (Cypriacis) mirabilis* (Kurosawa)	II	
虹彩叩頭蟲	*Campsosternus sp. sensu* Suzuki =*Campsosternus gemma* Candeze	II	
臺灣長臂金龜	*Cheirotonus macleayi formosanus* Ohaus	III	
臺灣大鍬形蟲	*Dorcus formosanus* Miwa = *Dorcus curvidens formosanus* Miwa, 1929	III	
長角大鍬形蟲	*Dorcus schenklingi* Möllenkamp	II	
霧社血斑天牛	*Aeolesthes oenochrous* Fairmaire	III	
蘭嶼大葉螽斯	*Phyllophorina kotoshoensis* Shiraki	II	
津田氏 大頭竹節蟲	*Megacrania tsudai* Shiraki = *Megacrania alpheus sensu* Willemese	II	
碎斑硬象鼻蟲	*Kashotonus multipunctatus* Kano	II	
白點球背象鼻蟲	*Pachyrrhynchus insularis* Kanos	II	
大圓斑球背 象鼻蟲	*Pachyrrhynchus kotoensis* Kano	II	
條紋球背象鼻蟲	*Pachyrrhynchus sonani* Kano	II	
小圓斑球背 象鼻蟲	*Pachyrrhynchus tobafolius* Kano	II	
斷紋球背象鼻蟲	*Pachyrrhynchus yamianus* Kano	II	
黃胸黑翅螢	*Luciola hydrophila* Jeng, Lai & Yang	II	
鹿野氏黑脈螢	*Pristolycus kanoi* Nakane	II	

資料來源： 保育類昆蟲（附CITES 附錄物種）鑑識參考圖冊，農委會98年修訂公告之保育類昆蟲名錄。顏聖紘‧楊平世，2000， 行政院農業委員會出版。

台灣長臂金龜

霧社血斑天牛

長角大鍬形蟲

條紋球背象鼻蟲

標本製作

標本製作的好與壞，除了影響標本藝術的欣賞價值外，製作精美的標本更能喚起人們對這些小生命的重視，彰顯這些小生命的珍貴價值。甲蟲的成蟲有其一定的壽命，飼養到最後難免會步入死亡，而死亡的甲蟲除了將牠丟棄一途外，其實我們更可以將牠製成標本保存起來，因為標本的製作也是飼養甲蟲的一環，完美的標本除了有收藏紀念價值外，若是您懂得正確的製作方法及步驟，那麼標本就多了一項學術研究的價值呢！

標本製作的工具

● 昆蟲針：

可以到專業昆蟲店購買，市售品牌雖多，但都是以不鏽鋼材質製成，長度一般為4公分，粗細則可分為00號、0號、1號至5號等7種規格，製作標本時可依照甲蟲體型的大小選用不同粗細的昆蟲針，號碼越大蟲針越粗，另外昆蟲針還可分成有頭和無頭2種規格，可依照個人使用習慣做一選擇，若蟲針過多時也可以利用蟲針分類收納盒管理。

昆蟲針

● 珠針

用來輔助固定蟲體姿勢用，一般文具店均有售，通常有長與短的分別，選購時建議挑選細長者為佳，因為這樣在製

蟲針收納盒

作標本時會比較好操作。當蟲體過小時，珠針可能會顯得過粗不好使用，此時可直接以細小的昆蟲針代替使用。大頭針雖然也可以使用，但是因為長度過短不易操作，所以不建議使用。

珠針

●整足板：

　用來固定昆蟲姿勢，方便整足與乾燥過程的進行，所以材質不限，只要平整並可以插針固定蟲體的材質均可，一般最常使用的為保麗龍板，將保麗龍板切成適當大小即可使用，也可以使用泡棉或是軟木塞板製作，不論是以何種材質製作，厚度一定要有3公分左右較為適宜。

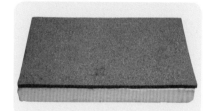

整足板

●尖鑷子：

　甲蟲標本的製作需要整理觸角及腳的姿勢，適當的工具可以使您在標本製作的過程中更為輕鬆，大型的甲蟲以一般的鑷子就可以達到目的，但是遇到體型較小的甲蟲時，就需要用到尖的鑷子來幫忙，否則可能會造成蟲體的破壞，增加不必要的困擾。

尖鑷子

●白膠：

　甲蟲飼養的過程偶爾會發生腳部斷落的情形，若發現斷腳可先將其收存起來，待將來製作標本時再將其黏接回去，同理，標本製作過程中若發生肢體斷落現象，也可以用白膠進行接合，白膠乾燥速度雖然較慢，但乾燥後為透明狀且不會破壞蟲體，所以是製作標本的良好接合劑，若以其他膠體代替，可能會造成標本白化變色影響美觀。

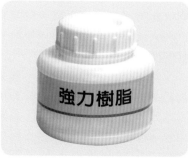

白膠

標本製作的步驟

●蟲體軟化：

　　剛死亡的甲蟲肢體關節都還很軟，所以可以直接製作標本。不過若是死亡一段時間後才發現的蟲體幾乎都會硬化，此時就需先將蟲體軟化，才不會在調整標本姿勢時折斷觸角或腳。

　　軟化蟲體最簡單的方法就是將整隻甲蟲浸泡於冷水中，大約半天就可以順利軟化；若用高溫開水浸泡，軟化時間雖可縮短，但可能會造成部分甲蟲蟲體出油影響美觀。若軟化的蟲體短時間內無法全數製作完成，則可將蟲體包裝好放進冰箱冷凍庫中冰存，待日後解凍即可製作標本（切勿將蟲體持續浸泡於水中數日，否則可能會腐敗解體）。

●插入蟲針：

　　選擇粗細適中的昆蟲針，不論是哪一種甲蟲，昆蟲針插入的位置都是在蟲體右方翅鞘前半部，由於部分甲蟲的翅鞘非常堅硬，直接以手持昆蟲針不易刺穿，此時可以鑷子末端夾緊昆蟲針針尖上方，如此就可以輕易將針尖插入蟲體了。

　　昆蟲針與蟲體要垂直，插入後的昆蟲針要留存1公分左右，以利將來檢視標本時拿取，再將由腹部穿出的蟲針垂直插入整足板中，直到腹部緊貼整足板為止。

蟲體浸泡軟化

插入蟲針

留部分蟲針方便拿取

讓蟲體腹部貼平整足板

●調整姿勢：

　　首先用4根珠針將頭部及尾端左右夾緊固定，使蟲體在整足板上不會轉動，接著再利用珠針與鑷子，將各腳姿勢調好並固定在整足板上，最後再以珠針調整固定觸角的姿勢。

　　標本姿勢的製作，因個人喜好而異，但不論如何製作，還是需要注意型態是否自然，蟲體左右是否對稱、整齊，若是觸角與各腳的姿勢張得太開，收藏時不但占空間、外觀不美，還容易發生標本相互糾纏勾扯而斷腳的情形。

●建立資料：

　　資料的建立是一個標本完整與否的重要條件，沒有完整資料的標本，將失去學術研究的價值，通常資料是採用固定格式的卡紙（長：1.5cm × 寬·1.0cm，可視情況自行調整記錄內容與紙張大小）分成3張書寫，第1張記錄採集地點（產地）、採集時間（月分以羅馬數字表示可避免與日期混淆）、採集者、採集方式（採獲於何種植物），第2張記錄科名、學名、命名者與年代、鑑定者，第3張則記錄儲存機構、標本編號。標本姿勢固定好後，將這些標籤暫

用珠針固定蟲體

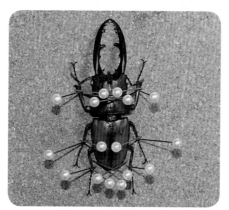

調整各腳的姿勢

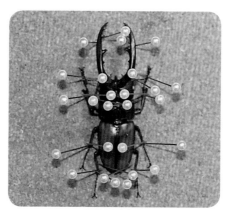

調整觸角姿勢

置在該標本旁，避免與其他標本資料混淆，等到標本完全乾燥好，再將
這些小標籤依序插在該標本的下方，永遠與這隻昆蟲共存。

| 採集地點
採集時間
採集者
採集方法 | 臺灣，桃園縣復興鄉
07-Ⅶ-2007
王派鋒
燈光誘集 | 科名
學名
命名者,年代
鑑定者 | 鍬形蟲科
兩點鋸鍬形蟲
Prosopocoilus astacoides blanchardi
（Parry,1873）
呂建興 |

| 儲存機構
標本編號 | 福爾摩沙昆蟲館
01-028-00057 |

●乾燥：

　　完成製作手續的標本，可放
置在通風的環境2～3週讓其自然
乾燥（此時要注意螞蟻、蟑螂的
危害）。假如想要縮短標本的乾
燥時程，可以利用陽光、檯燈、
電暖器或是烘碗機烘烤，而有電
子防潮箱者也可考慮留個空間供
乾燥標本使用，當然若是經費許
可的情況下也可以考慮購買專用
低溫烤箱，使標本乾燥過程更為
方便安全。

烘乾標本

●典藏：

　　標本的保存非常重要，完
全乾燥後的標本，姿勢將固定不
變，只要小心拔掉所有珠針，將
標本小心取離整足板，即可插上
記錄的資料卡紙，然後收藏在有
防蟲設施的標本箱中。之後只要
注意避免受潮發霉、蟲蛀或光照
褪色，標本箱中的收藏便能長久
保存，標本一旦因為保存不當造
成損壞後就很難再修復了，所以
要特別小心。

典藏

我是甲蟲王，闖關小測驗

在進行了一連串的飼養與觀察活動後，相信您對甲蟲的認識已有初步概念，現在就讓我們一起來做個測驗，看看您對於甲蟲的了解有多少吧！

一、認識甲蟲

每題都有一個正確答案，請選出正確答案後將其填入前方答案欄內。

1. （　）甲蟲在分類上屬於昆蟲綱的哪一目？　(1)半翅目　(2)鱗翅目　(3)鞘翅目。
2. （　）甲蟲成蟲革質化的外殼稱為？　(1)骨頭　(2)外骨骼　(3)肌肉。
3. （　）只要是甲蟲都有飛行能力？　(1)對　(2)不對　(3)不一定。
4. （　）甲蟲的成蟲還會不會長大？　(1)會　(2)不會　(3)不一定。
5. （　）甲蟲有幾隻腳？　(1)四隻腳　(2)六隻腳　(3)八隻腳。
6. （　）甲蟲家族的種類占了昆蟲世界多少比例？　(1)40%　(2)30%　(3)20%。

二、甲蟲的食、衣、住、行

請詳細閱讀題目中的說明，如果敘述正確，請在答案欄劃「○」，如果敘述錯誤，請在答案欄劃「✕」。

1. （　）甲蟲都是吃樹液、水果及樹葉長大的，所以所有的甲蟲都是素食主義者。
2. （　）被人飼養的獨角仙成蟲大多以果凍餵食，但是野生的獨角仙是吃樹液或水果汁液。
3. （　）甲蟲沒有像人一樣穿衣服，但是甲蟲身體表面有堅硬的外骨骼（像盔甲一樣），可以保護內部柔軟的身體。
4. （　）大部分鍬形蟲的幼蟲和獨角仙幼蟲一樣，都住在腐植土內。
5. （　）獨角仙和鍬形蟲的成蟲都有六隻腳及二對翅膀，可以用腳爬行，也能利用翅膀飛行。
6. （　）獨角仙或鍬形蟲的幼蟲和成蟲一樣都有二對翅膀，可以利用翅膀飛行。

三、甲蟲的外部形態構造

請將左邊鍬形蟲構造的綠色小圓點和右邊鍬形蟲構造名稱的白色大圓點配對相連。

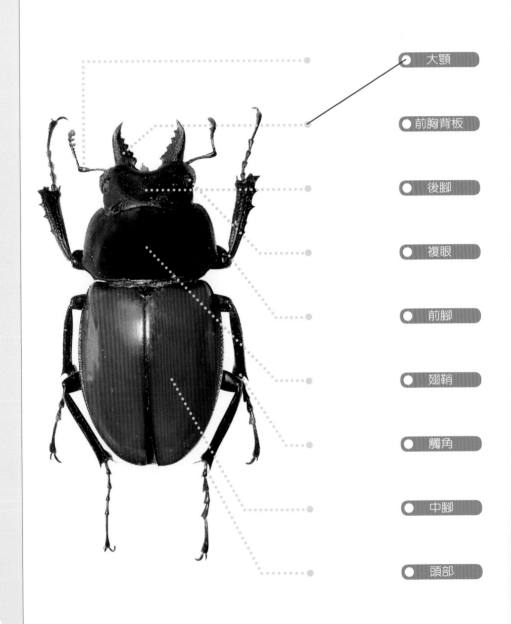

大顎

前胸背板

後腳

複眼

前腳

翅鞘

觸角

中腳

頭部

請將所有的數字從❶開始依序連起，看看最後會是什麼圖案呢？連好後可依自己的喜好著上顏色。

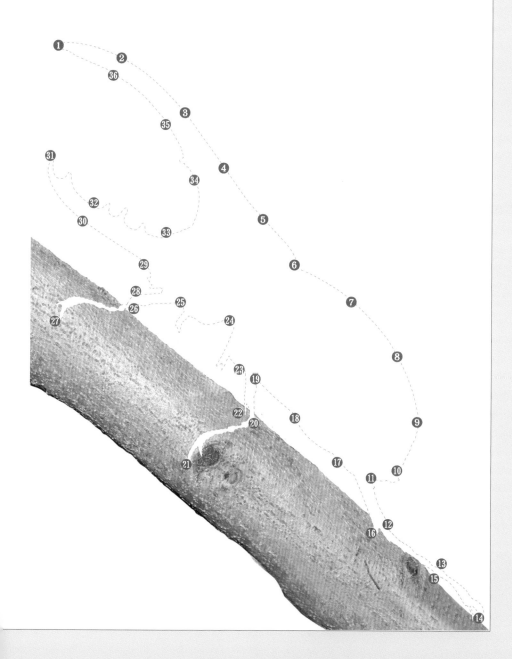

　　甲蟲想要回到森林裡，但是路上有許多天敵等著要攻擊牠，請你幫
牠找到能夠安全回家的路吧！

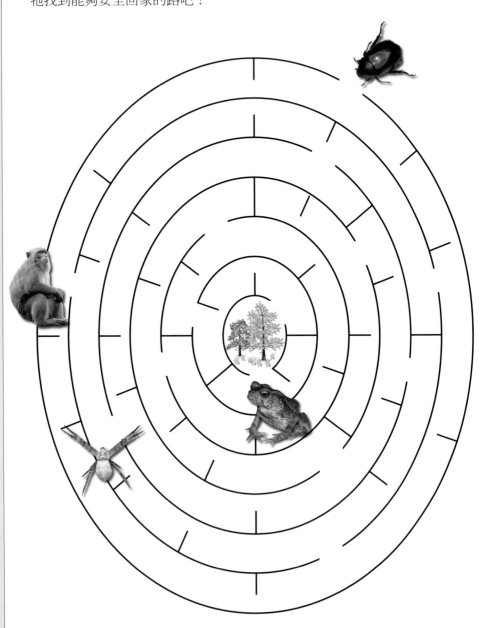

六、黃金蛹大挑戰

　　下圖中有六隻鍬形蟲的蛹，你能分辨牠們羽化之後會成為哪一種鍬形蟲嗎？連連看，找出牠們正確的身分吧！

七、鍬形蟲繁殖需求

　　請將左邊鍬形蟲種類的粉紅色星星和右邊產卵木需求的紅色大圓點配對相連。

大扁類鍬形蟲　★

叉角類鍬形蟲　★　　　　●　必須使用

鹿角類鍬形蟲　★

鋸鍬類鍬形蟲　★

細身類鍬形蟲　★

圓翅類鍬形蟲　★　　　　●　可　用
　　　　　　　　　　　　　　可不用

肥角類鍬形蟲　★

彩虹、金鍬類鍬形蟲　★

鬼豔類鍬形蟲　★

螃蟹類鍬形蟲　★　　　　●　不需使用

黃金鬼類鍬形蟲　★

八、兜蟲羽化過程

　　由起點開始行走，找尋兜蟲羽化正確的順序，走過的路線不能重複行走，試試看是否可以順利觀察到兜蟲羽化的正確過程。（迷宮遊戲）

起 點

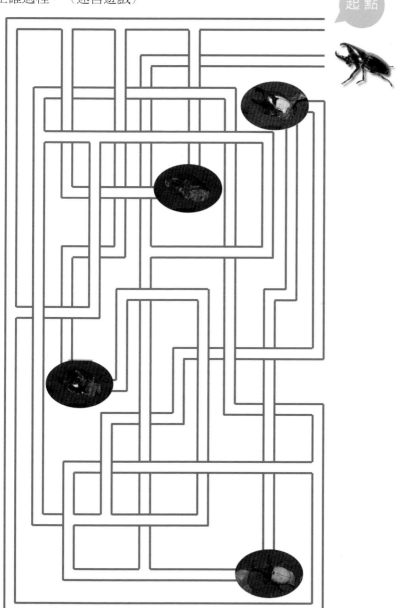

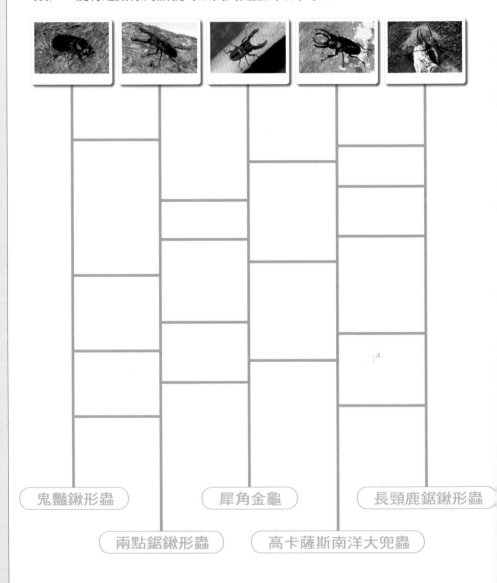

九、幫甲蟲找名字

森林裡有五隻不同的昆蟲，請你幫牠們找到自己正確的名字吧！

遊戲方式：每次選擇一隻昆蟲的線往下方前進，遇到橫向的線就必須轉彎（左或右），然後接到另一條直向的線再繼續向下走（不能回頭），沒有走錯線的話就可以找到昆蟲的名字了！

鬼豔鍬形蟲　　犀角金龜　　長頸鹿鋸鍬形蟲

兩點鋸鍬形蟲　　高卡薩斯南洋大兜蟲

十、送甲蟲回家鄉

保育警察查獲許多非法外籍昆蟲，政府準備把這些昆蟲遣返回原生的國家，請你協助找出這些昆蟲的產地在哪裡，把牠安全地送回家吧！（連連看）

美東白兜蟲

華勒斯鋸鍬形蟲

波麗菲夢斯角金龜

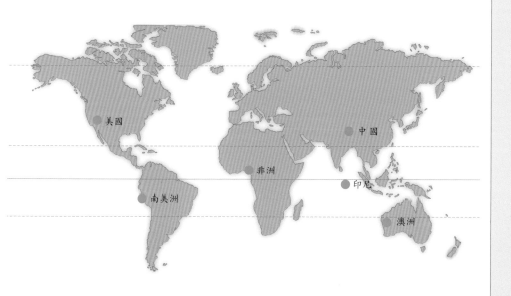

孔夫子鋸鍬形蟲

赫克力士長戟大兜蟲

彩虹鍬形蟲

保育類甲蟲被盜獵者捉走了，請小朋友扮演保育警察迅速前往救援。

遊戲方式：由保育警察所在位置開始，沿路尋找被盜捕的保育類甲蟲，走過的路線不能再重複行走，也不能遇到其他不是保育類的甲蟲，而加油站、便利商店、休息站與國家公園可以經過，最後要將保育類甲蟲送回森林暨自然保育警察隊，任務才算成功喔！

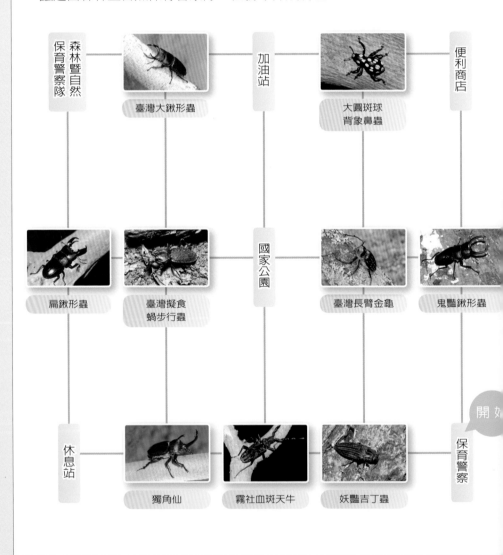

森林暨自然保育警察隊　　臺灣大鍬形蟲　　加油站　　大圓斑球背象鼻蟲　　便利商店

扁鍬形蟲　　臺灣擬食蝸步行蟲　　國家公園　　臺灣長臂金龜　　鬼豔鍬形蟲

休息站　　獨角仙　　霧社血斑天牛　　妖豔吉丁蟲　　保育警察　　開始

十二、甲蟲飼養與觀察

　　請詳細閱讀題目中的說明，如果敘述正確，請在答案欄劃「○」，如果敘述錯誤，請在答案欄劃「╳」。

1. （　）所有的甲蟲都居住在山區，所以校園裡不可能觀察到甲蟲。
2. （　）甲蟲的生活史短，成蟲又受大家喜愛，所以適合作為飼養觀察的對象。
3. （　）飼養甲蟲就一定要養最大最貴的「外來種」。
4. （　）保育類甲蟲很稀有，所以看到就要趕快捉回家飼養保護。
5. （　）不可以因為趕流行而飼養甲蟲，飼養過程的「觀察」比「玩樂」更重要。
6. （　）飼養觀察完後的甲蟲可以任意放生在住家附近的山區、公園或校園。

十三、甲蟲生態觀察

　　每題都有一個正確答案，請選出正確的答案後將其填入前方答案欄內。

1. （　）進行野外觀察不需要準備什麼工具？　⑴捕蟲網　⑵電蚊拍　⑶筆記本。
2. （　）為了方便觀察，可以利用什麼方法誘引甲蟲？　⑴大聲呼喚　⑵火燒森林　⑶放置腐果。
3. （　）在野外看見甲蟲可以做什麼？　⑴仔細觀察並拍照　⑵捉回家賣同學　⑶當場踩死。
4. （　）住在都市裡的小朋友，若是要進行甲蟲的飼養觀察，最好選擇哪種海拔高度的甲蟲？　⑴低海拔　⑵中海拔　⑶高海拔。
5. （　）採集甲蟲最好在下列哪一地區進行？　⑴國家公園　⑵野生動物保護區　⑶果園。
6. （　）在野外發現外來種甲蟲要怎麼辦？　⑴捉回家並通報農業單位　⑵不用理牠　⑶多放一些讓牠繁衍。

🐛 十四、學習做標本

　　請詳細閱讀框框中的說明，並依甲蟲標本製作的步驟將正確順序填在下面答案欄中。

ㄅ	ㄆ	ㄇ
		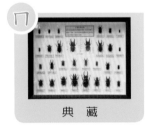
插入蟲針	建立資料	典　藏

ㄈ	ㄉ	ㄊ

調整姿勢 （固定頭胸部身體）	蟲體軟化	乾　燥

ㄋ	ㄌ

調整姿勢 （調整觸角位置）	調整姿勢 （調整六足位置）

甲蟲標本製作的步驟順序答案欄：

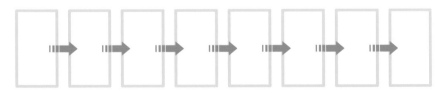

解答

一、認識甲蟲： 1.(3) 2.(2) 3.(3) 4.(2) 5.(2) 6.(1)

二、甲蟲的食、衣、住、行：

　　1. （X） 2. （○） 3. （○） 4. （X） 5. （○） 6. （X）

三、甲蟲的外部形態構造：

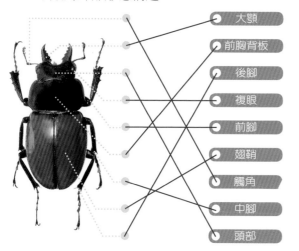

大顎
前胸背板
後腳
複眼
前腳
翅鞘
觸角
中腳
頭部

四、猜猜我是誰：

（赫克力士長戟大兜蟲）

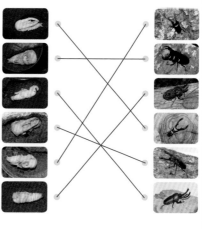

五、甲蟲回家記：

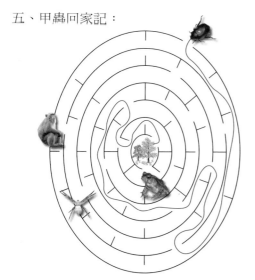

六、黃金蛹大挑戰：

七、鍬形蟲繁殖需求：

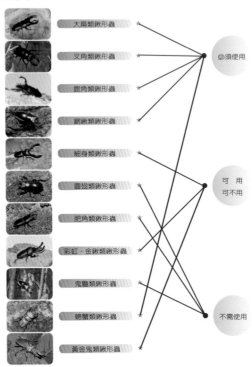

八、兜蟲羽化過程：

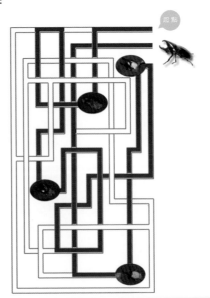

九、幫甲蟲找名字：

犀角金龜

鬼豔鍬形蟲

長頸鹿鋸鍬形蟲

高卡薩斯南洋大兜蟲

兩點鋸鍬形蟲

十、送甲蟲回家鄉

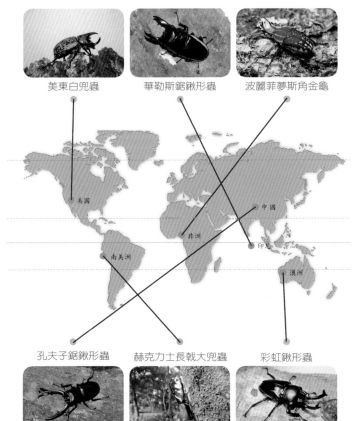

美東白兜蟲　華勒斯鋸鍬形蟲　波麗菲夢斯角金龜

美國　中國　非洲　印尼　南美洲　澳洲

孔夫子鋸鍬形蟲　赫克力士長戟大兜蟲　彩虹鍬形蟲

十一、拯救保育類甲蟲

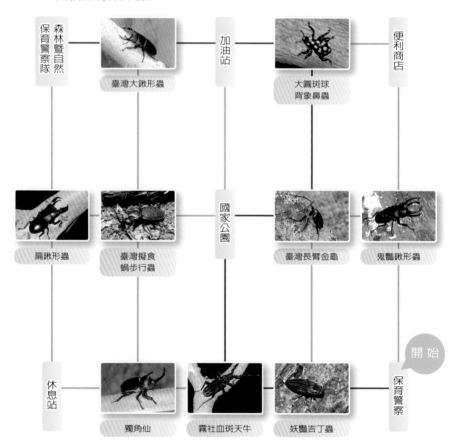

十二、甲蟲飼養與觀察：
　　1.（✗）　2.（○）　3.（✗）　4.（✗）　5.（○）　6.（✗）
十三、甲蟲生態觀察：1.(2) 2.(3) 3.(1) 4.(1) 5.(3) 6.(1)
十四、學習做標本：

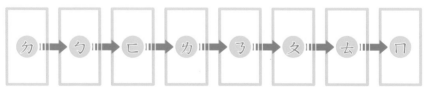

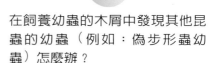

甲蟲飼養常見問題

一、幼蟲期飼養常見問題

成蟲生蛋了！但是為什麼全部發霉沒有孵化？

Ⓐ 可能成蟲並未交配成功，可讓成蟲重新交配後再布置產卵環境讓牠產卵。

幼蟲本來肥肥胖胖的，怎麼現在看起來頭變大，身體卻變得瘦瘦皺皺的呢？

Ⓐ 此時幼蟲剛蛻皮（蛻去舊表皮，長出較大的新表皮），因此頭殼明顯變大，身體表皮也變大了，但身體尚未變大，因此看起來皺皺的，在未來的日子會逐漸長胖變長，慢慢就會恢復成肥肥胖胖的樣子，且幼蟲會明顯變大喔！這是幼蟲成長必經的過程，為正常現象，不需擔心。

在飼養幼蟲的木屑中發現其他昆蟲的幼蟲（例如：偽步形蟲幼蟲）怎麼辦？

Ⓐ 有些昆蟲的幼蟲生性凶猛，可能會傷害飼養的兜蟲或鍬形蟲幼蟲，因此建議將其移除，或將其另外飼養，順便觀察，或許也能有所收穫。

從昆蟲店買回來的鍬形蟲幼蟲，原本吃木屑的，可以換用菌絲瓶飼養嗎？

Ⓐ 若是可以餵食菌絲瓶的鍬形蟲種類，不論買回來時是用木屑或菌絲瓶飼養，均可以更換新的菌絲瓶飼養（可參考第61頁鍬形蟲飼育部分幼蟲食材的選擇）。

Q5

飼養幼蟲的菌絲瓶上長出菇類怎麼辦？

A 菌絲瓶上長出菇類會耗損菌絲瓶的營養，但若是剛長出少量菇類並不會耗損太多菌絲瓶內的營養時，可將菇類拔除繼續使用。但若長出大量菇類，菌絲瓶內菌絲木屑與瓶壁明顯分離，表示菇類已耗損太多菌絲瓶內的營養，造成菌絲瓶劣化，建議更換菌絲瓶。

Q6

飼養幼蟲的菌絲瓶或木屑內部長出青色黴菌怎麼辦？

A 菌絲瓶或木屑內長青黴菌會造成菇菌菌絲死亡或耗損木屑，大大降低食材營養，因此建議更換菌絲瓶或木屑。

Q7

幼蟲變的很白（黃），肚子內好像都沒吃東西（白白的），躲在一個橢圓形空間內，是不是生病或快餓死了？

A 這表示幼蟲即將化蛹，屬於甲蟲成長的正常現象，不需擔心。而幼蟲所躲藏的橢圓形空間稱為蛹室。在此時需避免搬動或過度干擾，否則容易造成幼蟲化蛹失敗而死亡喔！

Q8

鍬形蟲幼蟲可不可以讓牠吃飼養兔子或老鼠時用的木屑？

A 不可以。因為飼養兔子或老鼠時用的木屑內大多含有抗蟲藥劑，會毒死幼蟲，且此種木屑並沒有經過發酵腐朽，蟲蟲不會吃，或是吃了也無法消化吸收養分喔！

Q9

飼養兜類幼蟲的腐植土內有蚯蚓會影響幼蟲生長嗎？

A 蚯蚓並不會傷害飼養的幼蟲，只會耗損腐植土而已，如果蚯蚓的量不多並不需擔心，但如過蚯蚓太多則建議將之清除，以減少腐植土的耗損。

Q10

為什麼幼蟲爬到木屑或腐植土表面都不吃東西？怎麼辦呢？

A 幼蟲爬到木屑或腐植土表面都不吃東西，可能是飼養的環境或食材不適合造成的，需仔細分析下列因素找出原因：
①飼養幼蟲的食材是否仍在發酵
②選擇的食材是否適合
③飼養的溫度是否適合
④飼養的濕度是否適合
確實找出原因後，重新更換新食材飼養，並細心觀察數天看幼蟲是否恢復正常。

為什麼幼蟲養好久了（超過一年）都不化蛹？

兜蟲幼蟲的糞便可以拿來當種花（菜）的肥料嗎？

Ⓐ 每種甲蟲的幼蟲期並不相同，有些甲蟲的幼蟲期只需數月，但有些則需數年。因此，耐心繼續飼養，不必心急，或許你會因此養出更大型的個體喔！

Ⓐ 可以，兜蟲的糞便是非常好的有機肥料，一方面可省去清除兜蟲糞便的麻煩，又可省下買肥料的錢，真是一舉兩得呢！

買回來的木屑或腐植土有白色細長的小蟲（線蟲）或其他蟲類怎麼辦？

兜蟲或鍬形蟲幼蟲蛻皮蛻到一半卡住了（卡住半天以上了）怎麼辦？幼蟲會死掉嗎？

Ⓐ 木屑或腐植土內的線蟲或其他蟲類可能會造成甲蟲蟲卵或剛孵化的幼蟲死亡，建議將其清除。可先將幼蟲移出再將木屑或腐植土放在太陽下曝曬2～3天或放置冰箱冷凍庫冰2～3天殺死線蟲，待降溫或解凍回溫後再放入幼蟲飼養。

Ⓐ 如果幼蟲沒有完全蛻下舊皮，最後一定會造成死亡。如果蛻皮蛻到一半卡住且持續半天以上沒有蛻下舊皮，那只好用鑷子小心的幫牠剝除舊皮（除非像此種特殊狀況，否則一定要讓幼蟲自然蛻皮），剝到肛門處不可將舊皮完全扯下，若扯下肛門處舊皮，可能會傷害到幼蟲肛門內的消化道。剝除舊皮後將幼蟲放回飼養環境持續觀察。

飼養過鍬形蟲幼蟲的廢木屑可以拿來餵兜蟲或金龜子的幼蟲嗎？

Ⓐ 可以，但營養成分不足，建議混合其他添加營養劑的發酵木屑或腐植土使用。

二、蛹期與成蟲期飼養常見問題

幼蟲在容器底部化蛹，會不會造成羽化不全或死亡？

Ⓐ 若幼蟲在容器底部化蛹很容易造成成蟲羽化不全。因爲容器底部太光滑，羽化時甲蟲必需翻正，若太光滑則甲蟲不能順利翻正就很容易造成羽化不全或死亡。

買回來的或飼養出來的甲蟲成蟲還會不會長大？

Ⓐ 昆蟲（含甲蟲）成蟲都不會再長大了。因爲昆蟲的成長需藉由蛻去舊表皮再長大，幼蟲時期昆蟲會蛻皮成長，但是變態形成成蟲後即不會再蛻皮，因此無法再長大了。

甲蟲在攜帶過程中悶到，好像快死了，只剩下腳稍微會動，還有救嗎？

Ⓐ 如果腳還稍微會動，應該悶到的時間並不會很長，趕緊將成蟲置於通風處或電風扇前吹風或許還有機會搶救成功。

為什麼買回來的甲蟲成蟲都不吃東西，一直躲在木屑下？

Ⓐ 可能買回來的甲蟲仍處於蟄伏期（甲蟲羽化後都會躲在蛹室內，等到完全成熟才會挖破蛹室爬出活動進食）。因此，不需太擔心，只需多留意成蟲是否開始活動，等成蟲開始活動再餵食即可。

成蟲一直在飼養箱內不停走動或揮動翅膀怎麼辦？

Ⓐ 飼養環境若不適合或食物不足時，成蟲會想爬（飛）到更適合的環境或找尋食物，因此容易不停走動或揮動翅膀。也可能是因室內光源的問題，成蟲想飛到燈光下（趨光性）而不停揮動翅膀。可在飼養箱內
①多放一些木屑或水苔。
②放置攀爬用樹枝。
③噴灑少許水保濕。
④放入足夠的食物。
⑤將整個飼養箱置放於陰暗處。（必要時蓋上黑布）

為什麼繁殖環境長出一團網狀的黃色黏黏物質？

應該是黏菌，屬於原生菌類。在產卵木或發酵木屑內有時會有黏菌的孢子，當環境適合（潮濕溫暖）時即會萌發長出。此種微生物並不會傷害成蟲或人體，不需擔心。如果覺得不雅觀或噁心，可用湯匙將其刮除，但通常過一段時間仍會長出。

為什麼繁殖環境會長出菇類，有關係嗎？

產卵木或發酵木屑內有時會有菇類的孢子，當環境適合（潮濕溫暖）時即會萌發長出。此種菇類大多不會傷害成蟲或人體，不需擔心，如果仍不放心，可將其拔除。

交配過程中，雄蟲一直要用大顎夾雌蟲怎麼辦？

可能雌蟲尚未成熟不願意交配，可再等一段時間後再進行交配。若確定雌雄蟲都已經成熟，可使用市售的雄蟲大顎防夾器套住雄蟲大顎後再進行交配。

飼養成蟲時可不可以用一般人吃的果凍餵食呢？

可以。但人吃的果凍比較甜（糖比較多），容易引來螞蟻，且許多的昆蟲專用果凍內有添加昆蟲需求的特殊營養，可讓您的成蟲長得更好更健康。

同一類（例如大扁類）但不同種的甲蟲可不可以交配生下幼蟲呢？

不同種但親源關係接近的生物（含甲蟲）可能可以交配生下幼蟲，但通常子代都不具有生育能力。而同種但不同亞種的生物（含甲蟲）則可能可以交配生下具有生育能力的子代。自然界有其自然的法則，建議避免做此類嘗試造成混亂。

幼蟲繁殖太多了怎麼辦？

可將過多的幼蟲分送其他想養甲蟲的同學或親朋好友，讓多一點人能分享飼養甲蟲的樂趣，也可以用過多的幼蟲與昆蟲店交換別種幼蟲、飼養食材或器材。

Q12

為什麼幼蟲或蛹的身上有一個大黑點？有關係嗎？

🅐 可能是幼蟲成長過程中受傷造成的，容易造成幼蟲蛻皮或成蟲羽化失敗，但有時仍能順利蛻皮或羽化。

Q13

為什麼幼蟲在木屑或腐植土表面化蛹且沒有製作蛹室呢？

🅐 幼蟲沒製作蛹室且在木屑或腐植土表面化蛹，大多是因爲環境不適應造成的，建議更換成人工蛹室讓幼蟲羽化。

全臺⑬家知名甲蟲店暨店長聯名推薦

268甲蟲健康館
📞 02-27477268　📠 02-27484592　✉ ke5838@yahoo.com.tw
🏠 105臺北市松山區健康路268號1樓　🔗 http://www.268beetles.com/

甲蟲特區
📞 06-3504556　✉ y80679@yahoo.com.tw
🏠 704臺南市中華北路二段17號　🔗 http://www.268beetles.com/

蟲魔坊
📞 02-88614090　✉ xuewen100@hotmail.com
🏠 111臺北市士林區大東路79號　🔗 http://www.insect-mall.idv.tw/

甲蟲物語 兜鍬club內湖店
📞 02-87513659　✉ service@douciaoclub.net
🏠 111臺北市內湖區內湖路一段737巷57號　🔗 http://www.douciaoclub.net/

甲蟲物語 兜鍬club東湖店
📞 02-26306851　✉ service@douciaoclub.net
🏠 111臺北市內湖區東湖路11號2樓　🔗 http://www.douciaoclub.net/

蟲出沒 注意
📞 02-29179500　📠 02-29176784　✉ joshua881@yahoo.com.tw
🏠 231臺北縣新店市建國路59號1樓　🔗 http://shop.ekeo.com.tw/bugsmall/

Q14

在菌絲瓶內的蛹室上長菇類了，怎麼辦？

A 菇類會擠壓蟲蛹，讓蛹無法順利羽化，因此建議更換成人工蛹室讓蛹羽化。

Q15

飼養的甲蟲雌蟲已經羽化了，但雄蟲尚未化蛹，等雄蟲化蛹羽化再交配來得及嗎？

A 這種情形常發生，通常都來不及交配雌蟲就死了（不同種類有差異）。建議先與別的飼養者或昆蟲店交換（買）一隻雄蟲進行交配。

喜蟲天降－新莊店
📞 02-2202-0291　📠 02-22771713　✉ kitty.min@msa.hinet.net
🏠 242臺北縣新莊市中正路437號　🖥 http://www.beetles.com.tw

喜蟲天降－三重店
📞 02-29834251　📠 02-22771713　✉ service@beetles.com.tw
🏠 241臺北縣三重市重陽路二段19巷15號　🖥 http://www.beetles.com.tw

福爾摩沙昆蟲館
📞 03-4757397　📠 03-4751752　✉ bee.wpf@fmoe.com.tw
🏠 326桃園縣楊梅鎮新江路225巷37號　🖥 http://www.fmoe.com.tw

虫話區甲蟲生態館
📞 04-25291544　📠 04-25295210　✉ bugstalk@gmail.com
🏠 420臺中縣豐原市中興路212號　🖥 http://www.bugstalk.com

南投甲蟲生態館
📞 049-2241961　✉ insect308@yahoo.com.tw
🏠 540南投市民生街20號　🖥 http://tw.myblog.yahoo.com/insect308/profile

---

綠色工坊
📞 07-282-7881　🖥 http://www.greenworkshop.com/company.asp
🏠 800高雄市新興區五福二路39號　✉ shopping@greenworkshop.com

都市蟲林屏東店
📞 08-733688　✉ chongchongpt@yahoo.com.tw
🏠 900屏東市和平路548號　🖥 http://http://www.chongpt.url.tw/contact.html

國家圖書館出版品預行編目（CIP）資料

甲蟲飼養與觀察 / 王派鋒, 呂建興, 高瑞卿著.
－－二版.－－臺中市：晨星, 2012.01
面； 公分.－－（飼養＆觀察；1）

ISBN 978-986-177-545-6（平裝）
1.甲蟲 2.寵物飼養

387.785　　　　　　　　　　　100020121

飼養＆觀察 001
甲蟲飼養與觀察【修訂版】

作者	王派鋒・呂建興・高瑞卿
主編	徐惠雅
執行主編	許裕苗
校對	王派鋒・呂建興・高瑞卿・許裕苗
美術編輯	李敏慧・林信男

創辦人	陳銘民
發行所	晨星出版有限公司
	407台中市西屯區工業30路1號1樓
	TEL：04-23595820　FAX：04-23550581
	行政院新聞局版台業字第2500號
法律顧問	陳思成律師
初版	西元2008年1月25日
二版	西元2021年8月23日（五刷）

讀者服務專線	TEL：02-23672044 / 04-23595819#230
	FAX：02-23635741 / 04-23595493
	E-mail：service@morningstar.com.tw
晨星網路書店	http://www.morningstar.com.tw
郵政劃撥	15060393（知己圖書股份有限公司）
印刷	上好印刷股份有限公司

定價350元

（如有缺頁或破損，請寄回更換）
ISBN　978-986-177-545-6
Published by Morning Star Publishing Inc.
Printed in Taiwan

407

台中市工業區30路1號

晨星出版有限公司

填問卷，送好書

凡**填妥問卷後寄回**，只要附上**60元**回郵，我們即贈送您**自然公園系列**《花的智慧》一書。

f 晨星自然 🔍

天文、動物、植物、登山、生態攝影、自然風DIY……各種最新最夯的自然大小事，盡在「**晨星自然**」臉書，快點加入吧！

晨星出版有限公司 編輯群，感謝您！